新装版 集合とはなにか

はじめて学ぶ人のために

竹内外史 著

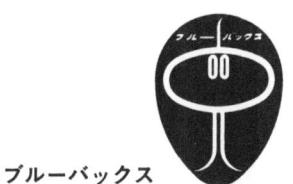

ブルーバックス

装幀／芦澤泰偉事務所
カバーイラスト／北谷しげひさ
本文イラスト／清水健造
目次／さくら工芸社

まえがき

初等教育に集合がとりあげられてから集合は多くの人の関心を集めているようです。

しかし，集合が現代数学にどんな役割を果たしているのか？ 集合を用いることで何をやっているのか？ 集合とは何なのか？ というような疑問に答えることは少ないようです。

本書ではだいたいにおいて次の3種類の人を頭において，集合の色々な面をできるだけ説明することに努めました。

1．数学の技術には無縁であるが，集合とはなにかということに関心をもっている人

2．これから集合論を勉強しようという人，またはいま勉強中の人であって技術的な本の外に全体的なことのかいてある本をよみたい人

3．数学に関係のある大多数の人。すなわち集合はしょっ中使っているが集合とはなにかということを考えたことのない人

一般に数学の技術的訓練のない人に数学の話をすることは至難な業です。しかし，集合のように数学の基本的な概念については数学的訓練のない人にも理解できるような解説書もあるべきであるような気がしてなりません。

本書では，集合についての主要な考えを数学的技術を

仮定しないで最初から説明することを試みてみました。

　集合は現代数学の中心的基本的な考えでそれだけで現代数学を構成できる基盤（第3章参照）ですが，それだけでなく集合の考えの表面的な一般化でさえ（第4章コーエンの方法およびアラベスクのグロタンディクの項参照）現代数学に大きな影響をあたえるものです。

　しかし，それにもまして集合は何かという問題は新しい集合の公理の探究という問題をはらんで現代数学の最も深い問題といってよく，この方面での本質的な進歩は何よりも大きい革命を現代数学にもたらすものと思います。

　集合概念がもたらす深遠な謎，集合論のなかにひそむロマンチックな創造の精神，そのようなことを理解するために本書が役に立つならば筆者には何よりうれしいことと思います。

　本書の出版について講談社の末武親一郎，高橋忠彦の両氏にいろいろと御世話になりました。ここに厚く御礼をのべたいと思います。

　　　　　　　　　1976年　イリノイにて

　　　　　　　　　　　　竹　内　外　史

復刊にあたって

　新装版として復刊するにあたって『数学セミナー』2001年4月号（日本評論社）に発表した評伝「カントール」を第5章の後に付け加えることにしました。

　そこでは，カントールの生涯と，そこにかいま見られたカントールの人間像と集合論の生成とのかかわりが書かれています。

　出来上がった数学は，澄みきった水面のように静けさをたたえています。しかしそこにはそれを作った人間の情熱，夢，苦闘……など，さまざまなドラマが含まれているのです。カントールの生涯を知ることは，集合論についての豊かな理解をもたらすものと思います。

　復刊にあたり講談社の柳田和哉氏に大変お世話になりました。ここに篤く御礼申し上げます。

2001年3月　　　　　　　　　　　　　　　　　　著者

もくじ

まえがき *3*

復刊にあたって *5*

読者へのアドバイス *8*

第1章　立場の変換 —— 翻訳語としての集合　*11*

立場の変換 *11*　主語と述語 *13*　単純明快な論理の世界 *15*
論理的演算 *16*　翻訳語としての集合 *20*
共通部分と和集合 *24*　否定の翻訳 *36*　集合の差 *39*
すべてと存在 *42*　∀と∃の翻訳 *47*　部分集合 *49*
空集合 *52*

第2章　天地創造 —— 楽園追放　*55*

創世記 *55*　物の集まり *56*　集合の集合 *60*
空集合と部分集合 *61*　部分集合の数 *66*　集合の濃度 *67*
積集合 *70*　カントールの対角線論法 *71*　集合の世界 *76*
楽園追放 *84*　数学基礎論 *89*

第3章　公理的集合論 —— 現代数学の基盤　*94*

ツェルメロの集合論 *94*　関数について *105*
選択公理 *109*　フレンケルの置換公理 *112*
フォンノイマンの正則性の公理 *118*　公理的集合論 *123*
BG集合論 *132*

第4章　現代集合論 —— 華麗なる展開　136

連続体仮説 136　ゲーデルの構成的集合 138
コーエンの仕事 153　到達不能数 163　測度可能数 167
決定の公理 172　アラベスク 180

第5章　未来への招待 —— 私の立場から　200

集合とはなにか 200　連続体について 216

カントール　224

生いたち 225　カントールの集合論 227　幻滅 232
再び数学へ 235　集合論の矛盾について 237

あとがき　240

記号表　244

さくいん　245

読者へのアドバイス

　数学の技術が数学嫌いをつくるだけでなく数学の記号も数学嫌いをつくる一因になっているように思います。したがって多くの解説書は式を用いない，記号を用いないということに主な努力が向けられているように思います。

　これはもちろんよいことですが，下手をすると通俗化して話題に好奇心をつのらせるだけという結果になってしまい，よりよい理解のためにはかえってマイナスになることも考えられます。

　一方，記号はもともとクダクダとして分かりにくいものをハッキリと簡単に表すために考えられたものです。このことは１，２，３，……の数字や＋，－の記号なしで数の計算をする状態を頭でえがいてみれば明らかなことと思います。本書ではなるべく記号を用いないように努力しましたが，最小限度の記号を用いたり，数学的な公式をかかげたりすることは，ちゅうちょしませんでした。

　本書にあげた程度の記号や公式は次のような注意を守ればかえって分かりよいと思ったからです。それに記号に対する偏見を打破するチャンスの一つもある方がよいかと思ったからです。（このような記号にかえってエキサイトする人がいることも考えられないではありません。）

　記号が出てきたら，それはストップのサインだと思っ

てそこでユックリ時間をとって下さい。記号をユックリよんでみたり，何を意味しているのか考えてみたりして下さい。記号はよい意味でも悪い意味でも長々としたものを短くかいてしまうのです。

　そのため，気がつかない内に遠くの方まで行ってしまったり，スピードが速くて物を見落したり目がマワッタリするのがその欠点です。記号が出てくるたびにユックリする癖をつければ，記号ほど便利で役に立つものはありません。

　それでも記号が面倒臭くてややこしいと思われる時があるかと思います。もし本叢書の目的が電車のなかで読むためのものとすればこれ位いやなものはないだろうと思います。そういう時は遠慮なしに飛ばして先の読み易い所をよんで下さい。たいていの記号は後の方，例えば次の章にはほとんど用いられていません。しかしできればあとで家へ帰ってなり暇の時にユックリと記号のある所をもう一度よんで下さい。実は一度よんでも記号のある所は先へ行ってから気が向いたり思い出したりするたびに何度でもよんでいただいた方がよいのです。前に言ったように高速道路が記号です。何度も何度も通れば高速道路の風景も微に入り細にわたって見えるようになってくるのです。

　だいたいにおいて本書では初等教育での集合の教材の参考書であるようなことは少しも考えていません。たとえ数学的訓練がなくても物を読んで考えることのできる大人を頭にえがいて書いています。

昔は集合は抽象的で難しいものだと思われました。しかし，政府という見たこともないものが税金をとって行くという抽象的な現代社会に住む私達には分かり易いことではないか？　と思います。抽象的な思考の難易が初等教育に集合を入れたことによってどう変化したかは私には大変興味があることで，誰かが良心的な調査をしてくれたらと思わずにはいられません。

第1章
立場の変換——翻訳語としての集合

立場の変換

　自然科学に限らず，立場を変えてみるということは難しくまた大切なことですが，自然科学のなかでは，立場を変えてみるということが革命的な大事件となることが多いようです。最初の典型的な例は天動説から地動説への変換でしょうか？　毎日，日常の私たちの体験では天動説に反するものは何一つ見当たらないのですから，これは大変な革命だったにちがいありません。

　ニュートンがリンゴが落ちるのをみて万有引力を発見したというのも立場の変換の一つの例として，次のように説明されることがあります。ニュートンが落ちたリンゴを見て考えます。もしリンゴを100 m上にもって行っ

自然科学に限らず，立場を変えてみるということは難かしくもまた大切なことです。……最初の典型的な例といえば，天動説から地動説への変換でしょうか？

もし，リンゴを月の世界までもって行ったら？

第1章　立場の変換

たらどうなるだろうか？　リンゴはやっぱり落ちて来る。1000m上にもって行ったらどうなるだろうか？　リンゴはやっぱり落ちてくるだろう。しかし，もし月の世界までもって行ったらどうなるだろうか？　きっと落ちてこないだろう，月は落ちてこないのだから。そうするとリンゴを地球からずっと月までもって行った時，どこかで初めて地球に落ちてこない所があるにきまっている………と考えたのだろうというわけです。ここで地球から月の世界に立場を変えて考えたことが大切だということです。

　もう一つ例をあげれば，アインシュタインの相対性理論も立場の変換の典型的な例ですが，これはどんな意味で立場の変換になっているのでしょうか？　明快な解答を出してみて下さい。

　さて集合という概念も立場の変換ということが基本になって生まれてきたものなので，これについて説明しましょう。

主語と述語

　何がなんだ。

　何がどんなだ。

　何がどうした。

　この"何が"にあたる所を主語といい，"なんだ""どんなだ""どうした"にあたる所を述語という。

　これは私の記憶にまちがいがなければ，私が中学1年のときにならった国文法の第1課の最初にかいてあった

文章です。

さてこれからやろうとすることは,この主語と述語の立場を変換しようというのです。"花があかい""月がまるい""xは3より大きい"といった時に,私達の注意の焦点は主語の"花""月""x"にあると考えられます,"あかい""まるい""3より大きい"はそれぞれ主語の花,月,xの性質をのべたもの,といってよいでしょう。

さて私達の注意の焦点を主語から述語に移すとどうなるでしょうか? 述語を注意の焦点の主人公にするということは,いってみれば述語を主語にするということですが,これは文章ではぎこちなくこそなれ,不可能ではありません。上の例でこの立場の変換を強行すれば,次のようになります。

"あかいという性質をもったものに,花がある"
"まるいという性質をもつものに,月がある""3より大きい数のなかにxが入っている"

これは,花,月,xがまだ主語的な形になっているので完全に成功しているわけではありませんが,"あかい""まるい""3より大きい"に注意の焦点を合わせたという点では,私達の目的にかなっているといってよいと思います。

さて上の具体的な例から離れて,一般的に述語を注意の焦点として主語化すればどうなるでしょうか?

一般の文章を次の形で考えてみます。

主語xが性質Pをみたしている。

私達の今おこなっている述語の主語化は次の形で考え

第1章 立場の変換

られるといってよいでしょう。

"性質Pをみたすもののなかにxが入っている"

これを私達は,

"性質Pをみたすものの集合のなかにxが入っている"

というふうに表現します。

すなわちここでやっていることは,性質というものを何かの属性としてではなくて,思考の対象として,主語としてとりあげているのです。実はこれが集合の本質に外ならないのです。

単純明快な論理の世界

さて性質についての一般論を話すために,これからいろいろな性質を$P, Q, R, \ldots\ldots$などの文字で表すことにします。そしてaが性質Pをみたすということを$P(a)$で表すことにします。

$P(a)$ は一つの命題になっていて, Pとaとをきめれば,それが正しいか正しくないかが定まるものです。

大学紛争があった頃,いろいろな大学の教授会で数学の先生方の発言がいつも原則論にしたがって 単 純 明 快で,他の先生方の尊敬と軽べつとを同時にかちとったというようなことをきいています。おそらく数学者の住んでいる数学の世界が単純明快な世界であるからにちがいありません。数学の世界は論理の世界で,すべてのことが**"真"**と**"偽"**とたった二つに分類されてしまう簡単明瞭の世界です。

上のような命題 $P(a)$ を考えるということは,この論

理の世界，真か偽だけしか問題にしない世界でものを考えるということです。

論理的演算

さてこれから $P(a)$ のような命題を A，B，C，……であらわすことにしましょう。性質から命題へと移行して都合がよいのは，命題には ¬（でない），∧（そして），∨（または），⇒（ならば）などの"論理的演算"がほどこせるということです。

こういう記号を初めて見る人はビックリされることと思います。しかし実はこういう論理的演算というものは算数のたし算，かけ算に較べて遙かに簡単なものなのです。これは算術の世界が，0，1，2，……という無数に多くの数について演算を考えているのに比して，論理学の方では，真と偽というたった二つのことについての演算であることからも明らかなことと思います。ただ算術の方は小さい時からたくさんの訓練をうけて，その上毎日使っているのに，論理学の方ではそれに相当した訓練がないのでマゴツクといったところです。

さて論理の演算についてのべるために真のことを T，偽のことを F で表すことにします。これは true と false の頭文字ですが，小文字の t と f にしないで大文字の T と F とを用いるのは，目で t と f の区別がつきにくく間違えることが多いからです。

$A \wedge B$ は "A であってかつ B" という意味です。論理記号のよみ方には不思議に英語の方が日本語より便利な

第1章　立場の変換

数学者の住んでいる数学の世界はおそらく単純明快な論理の世界で，すべてのことが"真"と"偽"とたった二つに分類されてしまう簡単明瞭の世界です。

真と偽

ことが多いので英語もかきますと，これは"A and B"となります。

さて，$A \wedge B$ がどんな論理的演算であるかをみるために，A，B が真と偽のすべての可能な組み合わせをとるときに $A \wedge B$ の真偽の価がどうなるかを調べてみましょう。これは次のようになります。

A	B	$A \wedge B$
真	真	真
真	偽	偽
偽	真	偽
偽	偽	偽

この表を第1段から横によむと次のようになります。
A が真で B が真のとき，$A \wedge B$ は真
A が真で B が偽のとき，$A \wedge B$ は偽
……

以下にこの表をTとFとを用いて次のように表して，これを $A \wedge B$ の真偽表といいます。

A	B	$A \wedge B$
T	T	T
T	F	F
F	T	F
F	F	F

第1章 立場の変換

　大切なのはこの表によって，∧という論理演算が完全に定義されているということです。すなわちこの表は∧についての九九の完全な表になっています。

　さて⌐Aは"Aの否定"を意味します。すなわち"Aでない"と読みます。また英語をつかえば"not A"となります。

　A∨Bは"AまたはB"と読みます。英語をつかえば"A or B"です。

　A⇒Bは"AならばB"と読みます。この場合は日本語の方が便利で，英語をつかえば"if A, then B"か"A implies B"で，かえってよみづらくなってしまいます。

　そこで上と同じようにして⌐，∨，⇒についての真偽表をかくと次のようになります。

⌐の真偽表

A	$\neg A$
T	F
F	T

∨の真偽表

A	B	$A \vee B$
T	T	T
T	F	T
F	T	T
F	F	F

⇒の真偽表

A	B	$A \Rightarrow B$
T	T	T
T	F	F
F	T	T
F	F	T

　以上によってフ, ∨, ⇒についての完全な定義と, またフ, ∧, ∨, ⇒の演算の完全な九九の表があたえられたことになっています。

　したがって, この表から論理学の公式が簡単に導けます。例えば,

　　Aが正しくて$A \Rightarrow B$が正しければBが正しい。

という法則は, ⇒の真偽表のなかでAがTであるのは第1段と第2段だけ, $A \Rightarrow B$がTであるのは第1段, 第3段, 第4段だけ, したがってAも$A \Rightarrow B$もともにTであるのは第1段だけで, このBの価はTであることからただちに分かります。

翻訳語としての集合

　さて, 命題, 論理演算と話が進んできましたが, 私達の本来の目的は性質の一般的な性格を考えることにあったわけです。ところで性質Pについて考えるというのは, 実は数学者にとっても考えにくいことなのです。何かもっと図形的な具体的な直観をかりて考えたいのです。そこで発明されたのが集合です。

第1章 立場の変換

またもとにもどって,"a が性質 P をみたす"ということを $P(a)$ で表すことにします。いま性質 P に焦点をあてて,このことを次のようにいい直すことにします。

"性質 P をみたすもののなかに a が入っている"

さらにもう一歩進めて次のようにいってみます。

"性質 P をみたすものの集まりのなかに a が属している"

どうやら私達は少しずつ集合の世界のなかに入って来たようです。

"性質 P をみたすものの集まり"を"性質 P をみたすものの集合"とよんで,

$$\{x|P(x)\}$$

で表すことにします。

ここで x は,上の表現では"もの"と呼んだものです。ですから $\{x|P(x)\}$ はもっとハッキリよんで,

"$P(x)$ をみたす x の集合"

とよんだ方がよいわけです。しかし,もともと x は"もの"の代わりですから,この x のエックスという呼び名は意味がなくて,

"$P(y)$ をみたす y の集合"

といっても同じことになります。すなわち記号でかけば,

$$\{x|P(x)\} = \{y|P(y)\}$$

ということになります。

さて"性質 P をみたすものの集合に属している"という"a は性質 P をみたしている"のいいかえを記号化し

てみましょう。そのために "a が集合 $\{x|P(x)\}$ に属する" を,

$$a \in \{x|P(x)\}$$

と表すことにします。これは "a が性質 P をみたす" すなわち $P(a)$ のいいかえですから,

$$P(a) \iff a \in \{x|P(x)\} \qquad (1)$$

が成立します。ここに $\iff$ はこの記号の左辺と右辺が同等であることを意味します。

以下に引用の都合上,上の(1)を "集合の基本原則" と呼ぶことにします。

以上してきたことを一般的に表現しますと,ある性質 P があったとき "P をみたすものの全体" を $\{x|P(x)\}$ の形で表して集合とよぶわけです。そして性質 P について考えるかわりに集合 $\{x|P(x)\}$ について考えようというわけです。

ここで多少,記号についてのべますと,集合をいちいち $\{x|P(x)\}$ のような形で表さないで,$A = \{x|P(x)\}$ とおいて,単に集合 A というように表現します。

$a \in A$ のとき "a は A の元である" とか "a は A の要素である" といいます。元もしくは要素は,*element* の訳です。さらに "a は A に属する" とも表現します。

もし,$A = \{x|P(x)\}$ ならば,$a \in A$ は $P(a)$ と同等になるわけです。

a が A の元でないとき,$a \notin A$ とかきます。もし $A =$

第1章 立場の変換

いってみれば集合とは，性質とか，論理とかを分り易い言葉に言い換えるための翻訳語なのです。

集合と翻訳

$\{x|P(x)\}$ ならば，これは "$P(a)$ でない" と同等になります。前に述べた記号を用いれば $\not\negthinspace P(a)$ と同等になります。すなわち，

$$a \notin \{x|P(x)\} \iff \not\negthinspace P(a)$$

が成立します。

　性質 P のかわりに集合 $\{x|P(x)\}$ を考える場合の長所は，"性質……" という漠然とした考えにくいものの代わりに，"集合……" という，この図形的な直観の助けを借りやすく，かつ具体的なものにして考えるところにあります。

　しかしながら "性質" で考えることの利点もあります。それは，"性質" は論理に直ちに結びつくという点です。われわれは，"集合" と "論理" の両方の長所を充分に利用したいので，以下に "論理" の言葉を "集合" の演算に翻訳することを考えます。

　いってみれば集合とは，性質とか，論理とかを分かりやすい言葉に言い換えるための翻訳語なのです。

共通部分と和集合

　今，⟨P という性質⟩ と ⟨Q という性質⟩ の二つの性質があったとします。

　$\{x|P(x)\}$ という集合を A，$\{x|Q(x)\}$ という集合を B とおきます。すなわち，

$$A = \{x|P(x)\}, \quad B = \{x|Q(x)\}$$

第1章 立場の変換

とします。

いま任意の a をとって、$P(a)$ と $Q(a)$ という命題を考えます。これから $P(a) \wedge Q(a)$ という命題と $P(a) \vee Q(a)$ という命題をつくることができます。この二つの命題を集合の記号を用いて表すと、

$a \in \{x | P(x) \wedge Q(x)\}$

$a \in \{x | P(x) \vee Q(x)\}$

となります。この新しい集合 $\{x | P(x) \wedge Q(x)\}$ と $\{x | P(x) \vee Q(x)\}$ はもともとの集合 $A = \{x | P(x)\}$、$B = \{x | Q(x)\}$ とどんな関係にあるのでしょうか？

まず、$\{x | P(x) \wedge Q(x)\}$ について考えることにします。いままでの記号を用いますと、

$a \in \{x | P(x) \wedge Q(x)\}$
$\iff P(a) \wedge Q(a)$
$\iff a \in \{x | P(x)\} \wedge a \in \{x | Q(x)\}$
$\iff a \in A \wedge a \in B$

ここで最初と2番目の同等は"基本原則"の応用で、最後の同等は名前をおきかえただけです。

この同等の意味を考えると、"a が集合 $\{x | P(x) \wedge Q(x)\}$ の元であるということは、A の元であってかつ B の元である" ということになります。

図形的な直観を用いるために、A と B とを意味するものを次図のような二つの円のそれぞれの"内部"としますと、a が A の元であって B の元

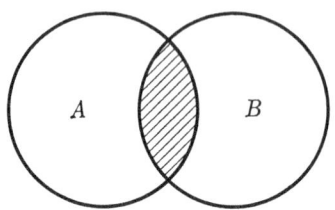

であるということは a がちょうど斜線で示した部分に入っていることになります。

したがって，$\{x|P(x)\wedge Q(x)\}$ を A と B との共通部分とよんで $A\cap B$ と表すことにしますと，$A\cap B$ がちょうど斜線の部分の元の集合を表していて，

$$a\in A\cap B \Longleftrightarrow a\in A \wedge a\in B$$

が成立していることになります。

いま P，Q から始めて $A=\{x|P(x)\}$，$B=\{x|Q(x)\}$ とおきましたが，P，Q を用いなくても，A，B から始めて，$P(x)$，$Q(x)$ を $x\in A$，$x\in B$ のことだと思えば同じことになります。

これは $x\in A$ が $P(x)$ と同等のことから明らかなことです。この流儀を用いれば A は再び，

$$A=\{x|x\in A\}$$

のようにも表すことができます。

ですから，

$$A\cap B=\{x|x\in A\wedge x\in B\}$$

が定義だと思えばよいのです。

同じことを $\{x|P(x)\vee Q(x)\}$ にしますと，

$$a \in \{x|P(x)\vee Q(x)\}$$
$$\iff P(a)\vee Q(a)$$
$$\iff a\in \{x|P(x)\} \vee a\in \{x|Q(x)\}$$
$$\iff a\in A \vee a\in B$$

すなわち，a が $\{x|P(x)\vee Q(x)\}$ の元であるということは，a が A の元であるか B の元であることを表しています。ここでまた，図形的な直観を用いるために A と B とを図の二つの円のそれぞれの内部としますと，

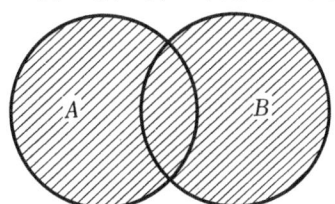

これは a が斜線で示す部分に"属する"ことを意味しています。

したがって，$\{x|P(x)\vee Q(x)\}$ を"A と B との和集合"とよんで"$A\cup B$"で表すことにしますと，

$$a\in A\cup B \iff a\in A \vee a\in B$$

という同等がえられます。

前と同じように P, Q から始めなくても，

$$A\cup B = \{x|x\in A \vee x\in B\}$$

を定義としてよいのです。

さて振り返って思うに,私達は何をしているのでしょうか? 明らかに,∧と∨とを集合の言葉に翻訳して∩と∪を導き得たのです。そして∩と∪の意味を図形的な直観の助けを借りて明らかにしているのです。

∩と∪は∧と∨の翻訳ですから,∧と∨についての論理の法則がただちに∩と∪についての法則に翻訳されます。このことを説明するためにまず次の定義から始めなければなりません。

〈定義〉 集合 A, B について,もし次の条件がみたされているときに $A=B$ とかいて"A と B とは等しい"という。

任意の a をとったとき,

$$a \in A \iff a \in B$$

が成立する。

もっとくだいていえば,A と B とが同じものの集まりからできているときには $A=B$ が成立しているというのです。ここで,図形的な直観を利用して A と B とを図形で表すならば,A と B とは全く同じ図形となっているということになります。

こんなことはあたりまえで,どうしてそんなことをいちいちウルサク数学ではいうのだろうと思う人もあるにちがいありません。これは数学でおこなわれる単純化の一つなのです。ちょうど,前に述べた論理の世界が真と偽と二つしかない単純な世界であると説明したように,

第1章　立場の変換

数学では，どうしてそんなことをいちいちウルサクいうのだろうと思う人もあるでしょう。これは数学でおこなわれる単純化の一つなのです。

単純化への作業

数学ではすべて単純な概念をもとにしてより複雑なものを考えて行こうとするのです。これは物理で分子，原子，素粒子とだんだんもとにもどって，その基本的な性質からすべてを導き出そうとする考えに似ているといってよいでしょう。すなわち，上の定義は私達が集合Aといった時には，Aにはどんな元が入っているか？ ということしか問題にしない，それ以外のことは一切考えないという声明なのです。メンドウクサク余計なことは一切ゴメンで，集合といったときは，その元になっているものはドンナものか？ それだけ考えて，その点が同じものは全く同じ集合と考えるぞ，という数学者独特の単純な世界をつくろうというものです。

さて，$A = \{x|P(x)\}$ で $B = \{x|Q(x)\}$ のときは $A = B$ はどんなことになっているでしょうか？ $a \in A \Longleftrightarrow P(a)$ で $a \in B \Longleftrightarrow Q(a)$ ですから，$a \in A \Longleftrightarrow a \in B$ は $P(a) \Longleftrightarrow Q(a)$ と同じことになります。すなわち，このときは $A = B$ は次のことと同等です。

  任意の a をとったとき，

$$P(a) \Longleftrightarrow Q(a)$$

が成立している。

さて次にいよいよ $\wedge$ と $\vee$ についての論理の法則を $\cap$ と $\cup$ についての集合の法則に翻訳することを考えましょう。ここでとりあげる論理の法則は，

$$a \wedge (b \vee c)$$
$$\Longleftrightarrow (a \wedge b) \vee (a \wedge c)$$

第1章 立場の変換

です。ここで a, b, c は任意の命題を表すことにします。前に命題を A, B, C, ……で表したのですが、今は A, B, C ……は集合を表すために用いているので、混乱を避けるために筆記体 a, b, c ……を命題を表すために用いることにします。最初にどうして上の同等が成立するのか考えてみましょう。

これを証明するのには $a \wedge (b \vee c)$ の真偽表と $(a \wedge b) \vee (a \wedge c)$ の真偽表とを作ってみて、その二つの真偽表が全く同じであることをいえばよいわけです。これは論理の世界が真と偽としかない単純な世界であることからの結論です。

$a \wedge (b \vee c)$ の真偽表はどうなるでしょうか? a にTとFの二つの可能性、b にTとFとの二つの可能性、c にTとFとの二つの可能性があるので、すべての可能な場合は $2 \cdot 2 \cdot 2 = 8$ だけあることになります。それぞれの場合に $a \wedge (b \vee c)$ を一度に計算するのは大変なので、まず $b \vee c$ を計算して、それから $a \wedge (b \vee c)$ を計算することにします。これを実行すると次ページの表のようになります。

この表の第4段目を読んでみますと、a がT、b がF、c がFのときは $b \vee c$ はF(ここで $b \vee c$ の真偽表を用いた)したがって $a \wedge (b \vee c)$ はFとなります。(最後に $a \wedge b$ は a がT、b がFのときはFという真偽表を用いました。ここに b は $b \vee c$ の略と思って下さい)

同じように $(a \wedge b) \vee (a \wedge c)$ の真偽表をかこうとすれば、まず $a \wedge b$ と $a \wedge c$ の価をかかなくてはならない

a	b	c	$b \vee c$	$a \wedge (b \vee c)$
T	T	T	T	T
T	T	F	T	T
T	F	T	T	T
T	F	F	F	F
F	T	T	T	F
F	T	F	T	F
F	F	T	T	F
F	F	F	F	F

ので次の表ができます。

a	b	c	$a \wedge b$	$a \wedge c$	$(a \wedge b) \vee (a \wedge c)$
T	T	T	T	T	T
T	T	F	T	F	T
T	F	T	F	T	T
T	F	F	F	F	F
F	T	T	F	F	F
F	T	F	F	F	F
F	F	T	F	F	F
F	F	F	F	F	F

第1章　立場の変換

さて前の表とこの表とを比べてみて下さい。

第1段の $a \wedge (b \vee c)$ の価と $(a \wedge b) \vee (a \wedge c)$ の価はともにT，第2段の価もともにT……。というようにすべての段の価が全く同じことが分かります。すなわちこれは，a，b，c が真と偽のどんな価をとっても，この二つの命題は全く同じ真偽の価をとるということですから，上の論理の法則は証明されたわけです。

さてこの法則を集合の法則に翻訳するとどうなるでしょうか？

結論をまずいいますと次の通りになります。

$$A \cap (B \cup C) = (A \cap B) \cup (A \cap C)$$

この公式の意味を図形的直観の助けをかりて理解するために A，B，C を次の図の円の内部で表しますと，

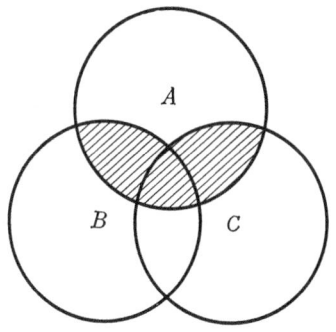

上の公式は，右辺も左辺も同じ斜線の場所を表していることを意味しています。

この公式を証明するためには，集合の＝の定義によって，任意の a をとったとき，

$a \wedge (b \vee c)$ の真偽表はどうなるでしょうか？ $a \wedge (b \vee c)$ の価と $(a \wedge b) \vee (a \wedge c)$ の価はともに T ……。集合の法則に翻訳した結論は $A \cap (B \cup C) = (A \cap B) \cup (A \cap C)$ となります。

図形的直観の助け

第1章 立場の変換

$$a \in A \cap (B \cup C) \iff a \in (A \cap B) \cup (A \cap C)$$

が成立することをいえばよいわけですが，これは前の論理の法則を用いると次のように証明されます。

$a \in A \cap (B \cup C)$
$\iff a \in A \wedge a \in (B \cup C)$
$\iff a \in A \wedge (a \in B \vee a \in C)$
$\iff (a \in A \wedge a \in B) \vee (a \in A \wedge a \in C)$
（この同等に論理の法則を用いた）
$\iff a \in A \cap B \vee a \in A \cap C$
$\iff a \in (A \cap B) \cup (A \cap C)$

ほとんど同様のことをもう一つおこないますと，論理の法則として次のものが成立します。

$$a \vee (b \wedge c) \iff (a \vee b) \wedge (a \vee c)$$

興味のある人はぜひ真偽表を作って確かめてみて下さい。これは前と同じように次の集合の法則に翻訳されます。

$$A \cup (B \cap C) = (A \cup B) \cap (A \cup C)$$

できれば，図形的直観の助けをかりる絵もかいてみて証明もやってみて下さい。

以上でお分かりと思いますが，∩と∪についての集合のすべての法則は，全く同じように真偽表をつくって論理の法則をつくり，あとは上と同じ手続きで証明される

のです。ですから∩と∪についてはすべて分かっているといってよいでしょう。

⇒について
真偽表を使って論理の法則を導くことをやったので，ちょっと集合から離れて，ここでもう少し論理について考えることにします。最初に重要な公式として，

$$a \Rightarrow b \iff \daleth a \lor b$$

この証明は$\daleth a \lor b$の真偽表を作ってみれば$a \Rightarrow b$の真偽表と全く同じになることから明らかです。

さてこの式から次の有名な法則が出てきます。その作業をやってみましょう。

〈定理〉 $a \Rightarrow b \iff \daleth b \Rightarrow \daleth a$

〈証明〉 次のように順々に同等な式に書き換えて行きます。一つ一つ確かめて下さい。

$\daleth b \Rightarrow \daleth a$
$\daleth \daleth b \lor \daleth a$
$b \lor \daleth a$
$\daleth a \lor b$
$a \Rightarrow b$

否定の翻訳
さて"否定"を集合の言葉に翻訳するとどうなるでしょうか？ このことを考えるためにまず変数について多

第1章 立場の変換

少考えてみましょう。いま任意の a をとってきた場合のことを考えてみましょう。こういうふうに変数 a をとってきたときにはたいてい暗黙の約束があります。具体的な,もっとハッキリした場合にはキチンと任意の自然数 a についてとか,任意の実数 a についてとか, a が表しうるものの範囲を定めるものです。その範囲をハッキリいわないときは,いわなくても誤解の可能性がなくて分かっているということです。

ですから,任意の変数 a というときにはいつでも a の表すものの範囲 D を固定して考えているわけです。ですから集合の言葉を用いれば,"任意の D の元 a をとると"といった方がよいわけです。

さて"否定"の翻訳を考えましょう。A^c を,

$$A^c = \{x | x \notin A\}$$

と定義して A の **補集合** とよびます。C は *complement* の頭文字で,本によっては別の記号を用います。この本ではこの A^c の記号はここしばらくの臨時の記号だと思っていただければ結構です。次の公式は基本原則と定義から明らかです。

$$a \notin A^c \iff a \in A$$

A^c の意味は上のように変数の動く範囲 D を定めますと,次の図で,A が円の内部とすれば A^c は斜線の部分になります。

37

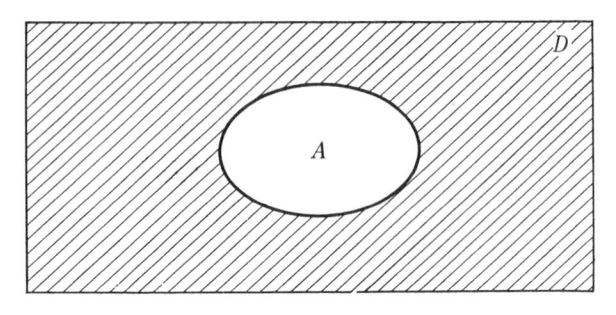

前と同じように否定についての論理の法則は容易に についての集合の法則に変形されます。代表的なものをとりあげますと，

$$\overline{}(a \wedge b) \Leftrightarrow \overline{}a \vee \overline{}b$$

これはやはり真偽表を作ることで容易に証明されます。これに対応する集合の公式は，

$$(A \cap B)^c = A^c \cup B^c$$

となります。

同様にして論理の法則，

$$\overline{}(a \vee b) \Leftrightarrow \overline{}a \wedge \overline{}b$$
$$\overline{}\,\overline{}a \Leftrightarrow a$$

が得られ，その翻訳として，

$$(A \cup B)^c = A^c \cap B^c$$
$$(A^c)^c = A$$

が得られます。できれば暇にまかせてこれらを全部キチ

第1章　立場の変換

ンと証明してみて下さい。

ここに以上の公式から簡単に証明できる公式を演習問題としてあげておきます。

1) $a \wedge b \Leftrightarrow ﾌ(ﾌa \vee ﾌb)$
2) $a \vee b \Leftrightarrow ﾌ(ﾌa \wedge ﾌb)$
3) $A \cap B = (A^c \cup B^c)^c$
4) $A \cup B = (A^c \cap B^c)^c$

集合の差

読者の方も少し集合になれて来たと思いますので，今度は順序を逆にして集合A，Bがあたえられて，次の図のような形で考えたとき，斜線にあたる部分を定義することを考えてみましょう。

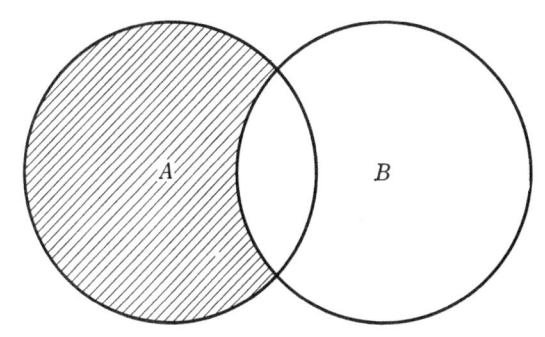

でき上がる集合をAとBとの差とよんで$A-B$で表すことにしますと，図から明らかなように，任意のaをとってきますと，aが斜線の所に入っているということは，aがAに入っていてBに入っていないということで

集合 A, B があたえられていて, 斜線にあたる部分を定義するには……どう考えたらよいのでしょう。

集合の差の定義へ

第1章　立場の変換

すから,

$$a \in A - B \iff a \in A \land a \notin B$$

となります。ここで基本原則を用いますと, $\iff$ の右辺は,

$$a \in \{x | x \in A \land x \notin B\}$$

と同等であることが分かります。すなわち $A-B$ は次の式で定義すればよいことが分かります。

〈定義〉　$A - B = \{x | x \in A \land x \notin B\}$

ところで私たちは, $\land$ の翻訳が $\cap$ で, 否定の翻訳が ^{c} であることを知っています。$A-B$ の定義の式のなかに出てくるのは $\land$ と $\not\in$ ですから, $A-B$ は A と B から $\cap$ と ^{c} とを用いて表されるはずです。これをやってみますと次のようになります。

$$\begin{aligned} A - B &= \{x | x \in A \land x \notin B\} \\ &= \{x | x \in A\} \cap \{x | x \notin B\} \\ &= A \cap B^c \end{aligned}$$

となって $A - B = A \cap B^c$ という等式がえられます。これから $A-B$ についての性質はすべて $\cap$ と ^{c} についての性質からみちびくことができます。逆に, いま変数の表す範囲 D が定まっているときには,

$$A^c = D - A$$

と ^{c} を — で表すことができますから, ^{c} の性質はすべ

て¬の性質から導くこともできます。いずれにしても¬，^{c}，∩，∪のこれらすべての性質は，もとに戻って¬，∧，∨の性質に直して真偽表を計算することによってえられるものです。

すべてと存在

いままで取り扱ってきた論理記号¬，∧，∨，⇒はすべて簡単に真偽表があたえられ，それによって簡単に真偽を計算することができるものでした。その点ではこれらの論理的概念だけからできている論理の世界は簡単明瞭な世界といってよいと思います。

しかし，これらは論理記号のすべてではありません。重要な論理的概念"すべて"と"存在"がまだ抜けているのです。

"すべて"は，"すべてのxについて$P(x)$が成立する"という形で用いられます。

これを論理記号∀を用いて，

$$\forall x P(x)$$

という形で表します。ですから∀を"すべて"と読むわけです。

もちろん∀は"すべて"と読まなければならないというわけではなくて，同じ$\forall x P(x)$は次のようにいろいろなふうに読まれます。

"どんなxをとっても$P(x)$が成立する"とか"任意のxについて$P(x)$が成立する"とかその他いろいろのい

第1章 立場の変換

い方がありますが、その意味はすべて同じになります。

$\forall$と$\wedge$とはきわめて近い概念です。これを説明するために変数xの表す範囲が自然数すなわち0, 1, 2, ……である場合をまず考えましょう。

この場合"すべての自然数xについて$P(x)$が成立する"ということはとりもなおさず、"0がPをみたし、そして1もPをみたし、そして2もPをみたし、そして……"ということになります、書き直しますと"$P(0)$でそして$P(1)$そして$P(2)$そして……"ということです。もう一度かき直しますと、

$P(0) \wedge P(1) \wedge P(2) \wedge \cdots\cdots$

ということです。ここで……はすべての自然数nについて $\wedge P(n)$ をかきつづけるということで実際には書きつくすことはできません。とにかく変数xの表す範囲が自然数のときは、

$\forall x P(x)$ と
$P(0) \wedge P(1) \wedge P(2) \wedge \cdots\cdots$

とが同等なことが分かったわけです。

次に一般に変数xの表す範囲がDであるとします。Dの元を全部ならべてこれをd_0, d_1, d_2, ……とします。Dの元は有限個しかないかもしれませんし、無限にあるかもしれません。

このとき上におこなったことをもう一度繰り返しますと、

この場合 $\forall x P(x)$ は,

$$P(d_0) \wedge P(d_1) \wedge P(d_2) \wedge \cdots\cdots,$$

と同等なことが分かります。

一番簡単なのは D が n 個の元 $d_1, d_2, \cdots\cdots, d_n$ からできているときです。

このときは $\forall x P(x)$ は,

$$P(d_1) \wedge P(d_2) \wedge \cdots\cdots \wedge P(d_n)$$

と完全に $\wedge$ を用いて書き表されてしまいます。

さて今度は"存在"について考えてみましょう。存在は次のように用いられます。

"$P(x)$ をみたすような x が存在する"これを $\exists x P(x)$ で表すことにします。 $\exists$ は**存在記号**とよばれます。前と同じように $\exists$ は $\vee$ と密接な関係があります。変数 x の表す範囲 D が $d_1, d_2, \cdots\cdots d_n$ と有限個の元だけからできているときには,

"$P(x)$ を満足する x が存在する"

ということは,

"$d_1, d_2 \cdots\cdots, d_n$ のなかに P をみたすものがある"ということです。すなわち,

"$P(d_1)$ かまたは $P(d_2)$ かまたは $\cdots\cdots$ かまたは $P(d_n)$ のうちのどれかが成立する"ということと同等です。ですから書き直すと,

$$P(d_1) \vee P(d_2) \vee \cdots\cdots \vee P(d_n)$$

となって, $\exists x P(x)$ がこの場合は上のように $\vee$ で完全に

第1章　立場の変換

重要な論理的概念に，"すべて"と"存在"があります。"すべて"は"すべてのxについて$P(x)$が成立する"という形で用いられます。これを論理的記号∀を用いて，$\forall x P(x)$といった形で表します。それでは存在記号∃を用いて……。

二つの概念

表されることが分かります。同じことをDが無限の元 $d_0, d_1, d_2, \ldots\ldots$ からできているときに繰り返しますと，$\exists x P(x)$ が次のものと同等なことが分かります。

$$P(d_0) \lor P(d_1) \lor P(d_2) \lor \cdots\cdots$$

一般に $\forall$ と $\exists$ についての論理の法則は必ずしも簡単とはいえないのですが，上の方法によって $\land$ と $\lor$ の法則から導き出すことができます。これを一つやってみましょう。

$$\neg \forall x P(x) \iff \exists x \neg P(x)$$

私たちは $\neg(a \land b) \iff \neg a \lor \neg b$ を知っています。$a_1 \land \cdots\cdots \land a_n$ は $\land$ の数をふやしただけですから——（神経質な人は $a_1 \land (a_2 \land (a_3 \land \cdots\cdots)))$ のように直して考えて下さい——次の式が成立します。

$$\neg(a_1 \land \cdots\cdots \land a_n) \iff \neg a_1 \lor \cdots\cdots \lor \neg a_n$$

これを一般的にしますと，

$$\neg(P(d_0) \land P(d_1) \land \cdots\cdots) \iff \neg P(d_0) \lor \neg P(d_1) \lor \cdots\cdots$$

すなわち $\neg \forall x P(x) \iff \exists x \neg P(x)$

がえられたわけです。全く同様にして次の式がえられます。

$$\neg \exists x P(x) \iff \forall x \neg P(x)$$

上の式とこの式とを用いますと次の式がえられます。

第1章 立場の変換

⟨定理⟩　$\exists x P(x) \iff \neg \forall x \neg P(x)$

⟨証明⟩　$\exists x P(x) \iff \neg\neg \exists x P(x)$
$\iff \neg \forall x \neg P(x)$

同様にして次の式が得られます。

⟨定理⟩　$\forall x P(x) \iff \neg \exists x \neg P(x)$

　この二つの定理から∀は∃と¬から表され，∃は∀と¬から表されるので，∀と∃の一方だけ考えておけばもう一方は，原則としては必要がないということが分かります。

∀と∃の翻訳

　さて論理的な概念∀と∃を集合の言葉に翻訳するとどうなるでしょうか？　話を簡単にするために，ここでは変数xの表す範囲Dは自然数 0, 1, 2, ……の全体とします。

　∀と∃との翻訳には前より厄介な所があります。それは，前には変数をx一つだけ，それにxについての性質$P(x)$を考えるだけだったのですが，今度はxとyという二つの変数を考えねばならず，その結果xについての性質Pではなくて，xとyについての性質$P(x,y)$を考えねばならないからです。$P(x,y)$と2変数のときは，性質というよりは，xとyの間の関係といった方が適切です。

　さて∀の集合への翻訳を考えるということはとりも直さず，

$$\{x|\forall y P(x,y)\}$$

がどんな集合になっているかを考えるということです。前に議論したように $\forall y P(x,y)$ は次のものと同等です。

$P(x,0) \wedge P(x,1) \wedge P(x,2) \wedge \cdots\cdots$。ところで$\wedge$の翻訳は$\cap$ですから,

$\{x|P(x,0) \wedge P(x,1) \wedge P(x,2) \wedge \cdots\cdots\}$ は次のものと等しくなります。

$$\{x|P(x,0)\} \cap \{x|P(x,1)\} \cap \cdots\cdots$$

いま $A_n = \{x|P(x,n)\}$ と置くことにしますとこの集合は,

$$A_0 \cap A_1 \cap A_2 \cap \cdots\cdots$$

と表されることになります。

この集合を $\bigcap_n A_n$ で表して $A_0, A_1, A_2, \cdots\cdots$ の共通部分ということにします。したがって私たちは, $\forall$ の集合の言葉への翻訳は共通部分であるということが分かったわけです。

別なふうに表現しますと,

$$a \in \bigcap_n A_n \Longleftrightarrow$$

"すべての n について $a \in A_n$ が成立する" という同等が成立しています。

同じことを $\exists$ について実行しますと次のようになります。

第1章 立場の変換

$\{x|\exists y P(x,y)\}$
　$= \{x|P(x,0) \vee P(x,1) \vee \cdots\cdots\}$
　$= \{x|P(x,0)\} \cup \{x|P(x,1)\} \cup \cdots\cdots$
　$= A_0 \cup A_1 \cup A_2 \cup \cdots\cdots$

この最後の式を$\underset{n}{\cup} A_n$で表して$A_0, A_1, A_2, \cdots\cdots$の和集合とよびます。

別な形で表現しますと,

$a \in \underset{n}{\cup} A_n \iff$

"aは$A_0, A_1, A_2, \cdots\cdots$のどれかに入っている"という同等が成立しています。

このことは, 一言でいえば∃の集合の言葉への翻訳は和集合であるといってよいでしょう。

部分集合

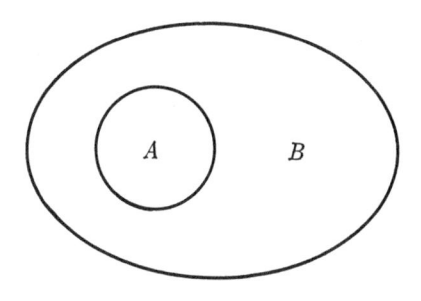

集合A, Bが上の図で表されているような関係にあるとき, AはBの部分集合であるといって$A \subseteq B$で表しま

A は B の部分集合であるといった場合, $A \subseteq B$ と書きます。"すべての A の元が B に属する"ということは"任意の a をとったとき, a が A の元であればまた B の元であるということです。

部分集合と $\supseteq$

第1章 立場の変換

す。もう少しハッキリいうと,

すべてのAの元がBに属するとき,AはBの部分集合であるといって$A\subseteq B$と書きます。

"すべてのAの元がBに属する"ということは"任意のaをとったとき,aがAの元であればまたBの元である"ということですから記号を用いてかきますと,

"任意のaについて,$a\in A \Rightarrow a\in B$"

または $\forall x(x\in A \Rightarrow x\in B)$

を意味することになります。

$A\subseteq B$と$B\subseteq A$とが同時に成立するときは,明らかに$A=B$となります。このことは$A=B$を証明しようというときに,$A\subseteq B$と$B\subseteq A$と,この二つを別々に証明すればよいということでフンダンに数学の証明のなかに用いられます。

さて部分集合については大切な四つの公式をここにあげます。いずれも明らかなものですから絵をかいて考えてみて下さい。

$A\cap B \subseteq A$
$A \subseteq A\cup B$
$A\subseteq B \Longleftrightarrow A\cup B = B$
$A\subseteq B \Longleftrightarrow A\cap B = A$

ここでもう一つだけ$\subseteq$についての公式を証明しておきましょう。

〈定理〉 $A\subseteq B \Longleftrightarrow B^c \subseteq A^c$

〈証明〉 $A\subseteq B$ということは,

"任意のaについて，$a\in A \Rightarrow a\in B$" ということで，$B^c\subseteq A^c$ ということは "任意のaについて，$a\in B^c \Rightarrow a\in A^c$" ということですから，

$$a\in A \Rightarrow a\in B \quad \text{と}$$
$$a\in B^c \Rightarrow a\in A^c$$

とが同等であることを証明すればよいわけです。ところで後者は $a\notin B \Rightarrow a\notin A$ と同等です。いま $\not b \Rightarrow \not a$ は $a \Rightarrow b$ と同等ですから，これは，

$$a\in A \Rightarrow a\in B$$

と同等になって証明されました。

空集合

$\{x|x\ne x\}$ なる集合を ϕ で表して **空集合** とよびます。どんな a をとっても $a=a$ は成立しますから，空集合の元になるものは一つもありません。だからカラッポの集合という意味で空集合と呼ばれるわけです。これは何もないという意味で一番小さい集合で，すべての集合の部分集合になっています。すなわち任意の集合 A をとってきますと，

$$\phi\subseteq A$$

が成立しています。

第1章 立場の変換

今,図のような集合 A, B を考えますと,A と B とに同時に含まれる元は一つもありません。すなわち,

$$A \cap B = \phi$$

が成立します。このとき "A と B とは互いに疎である" ともいいます。

$$A \cap A^c = \phi$$

はいつでも成立しています。すなわちどんな集合 A をとっても,A と A^c とは互いに疎になっています。
"A が空集合である" すなわち $A = \phi$ ということは "A の元が一つもない" ということですから,

$$\forall x(x \notin A)$$

ということと同等です。これは A が空集合であるということを証明するためには,任意の a をとってきて $a \in A$ を仮定して矛盾を出せばよいということです。数学の証明にはその形でしばしば利用されています。
"互いに疎" という性質についての大切な公式を一つ証明してみましょう。

〈**定理**〉 $A \cap B = \phi \iff A \subseteq B^c$

〈**証明**〉 同等な式を順々にかいて行くことにします。

$A \cap B = \phi$

$\forall x (x \notin A \cap B)$

$\forall x \neg (x \in A \cap B)$

$\forall x \neg (x \in A \land x \in B)$

$\forall x (\neg x \in A \lor \neg x \in B)$

$\forall x (\neg x \in A \lor x \notin B)$

$\forall x (x \in A \Rightarrow x \notin B)$

$\forall x (x \in A \Rightarrow x \in B^c)$

$A \subseteq B^c$

さて集合が論理の翻訳としていかに発展してきたかをのべてきました。次の章では集合が論理から独立して集合だけの独自の世界を形成して全く新しい段階に入ることをのべることにします。

第2章
天地創造──楽園追放

創世記

「はじめに神天地をつくりたまへり。地は形なく空しくてやみわだの面(おもて)にあり神の霊水の面(おもて)をおほひたりき。**神光あれと言たまひければ光ありき**，神光を善とみたまへり神光と暗(やみ)を分ちたまへり。神光を昼となづけ暗(やみ)を夜となづけたまへり夕あり朝ありき是はじめの日なり」

　御存知のようにこれは旧約聖書第1巻創世記第1章の冒頭の文章で神の天地創造の第1日の記述です。ここにこの文章を引用したのは，この章でお話しすることが何にもまして神の天地創造と本質的なつながりがあると思うからです。特に「神光あれと言たまひければ光ありき」という所を覚えておいて下さい。もうしばらく旧約

の創世記の記述を追って行くことにしましょう。

第2日は天の創造です。

「神言(い)たまひけるは水の中におほぞらありて水と水とを分つべし……」

神が言いたまうと天はそこにあるのです。

3日目は,地と草木の創造です。これも「神言たまひけるは……とすなはちかくなりぬ」

神が言いたまうことすなわち創造です。第4日目は太陽と月,第5日目は鳥と魚,第6日目は地の生物と男女の創造で,これで第1章が終わって神も第7日目はお安息(やすみ)になるのです。すべて創造は「神言たまひけるは」によってなされています。

さてこれからしようということは「集合の世界」の創造です。まずその準備としてもう少し集合になれるために,集合についての基本的な考えをのべてゆくことにします。

物の集まり

第1章では性質Pを「Pをみたす元xの集合」でおきかえることをしました。すなわち,いま領域Dがあたえられているときに,Dの元についての任意の性質Pを考えるかわりに,Dの元の任意の集合を考えればよいわけです。こうしてドンドン集合を考えてゆきますと,"物の集まり"としての集合を"性質"から切りはなして独立に直観的に考えられるようになってきます。すなわち,一般の性質について考えるということと,任意の集合に

第2章 天地創造

"物の集り"としての集合は,有限個のものの集合を考えるときは特に直観的で便利です。いま"$a_1, a_2, \ldots, a_n$ なる元からできている集合"を $\{a_1, \ldots, a_n\}$ と表わすことにします。

物の集り

ついて考えるということは全く同じことなのですが，集合という概念が"物の集まり"として直観的に考えられるようになってきます。

このように考えられた"物の集まり"としての集合は有限個のものの集合を考えるときは特に直観的で便利です。

いま"$a_1, a_2, \ldots, a_n$ なる元からできている集合"を，

　　$\{a_1, \ldots, a_n\}$

と表すことにします。$\{0, 1, 3\}$ は"0，1，3 だけからできている集合"です。このように記号を用いますと第1章の共通部分や和集合や差は次のようになります。

　　$\{0, 1, 3\} \cap \{0, 1, 5\} = \{0, 1\}$
　　$\{0, 1, 3\} \cup \{0, 1, 5\} = \{0, 1, 3, 5\}$
　　$\{0, 1, 3\} - \{0, 1, 5\} = \{3\}$

これはとても便利な記号で，少し慣れてくると，前に集合を円の内部で表して，共通部分や和集合などを斜線の所で表したのと同じくらい直観的に考えられるようになります。

さて $\{a_1, a_2, \ldots, a_n\}$ を前のように"ある性質をみたす元の全体の集合"という形に表すとどんな風になるでしょうか？ これを考えるために $\{a_1, \ldots, a_n\}$ の一つの元 b をとってきてみます。b は $a_1, \ldots, a_n$ のどれか一つになっているわけです。すなわち b は a_1 であるか，a_2 であるか，……または a_n であるかどれかであるわけで

第2章 天地創造

す。これを論理記号 $\vee$（または）を用いて表しますと，

$$b=a_1 \vee b=a_2 \vee \cdots\cdots \vee b=a_n$$

となります。ですから第1章の流儀では，

$$b \in \{a_1, a_2, \cdots\cdots, a_n\}$$
$$\Longleftrightarrow b=a_1 \vee b=a_2 \vee \cdots\cdots \vee b=a_n$$

ということになります。したがって $\{a_1, \cdots\cdots, a_n\}$ を第1章の方法で表しますと，

$$\{x \mid x=a_1 \vee x=a_2 \vee \cdots\cdots \vee x=a_n\}$$

という形になります。

いまここでは有限個のものの集合を考えましたが，もちろん無限個のものの集合を考えることも可能です。たとえば"偶数全体の集合"は無限個のものの集合です。第1章の記号では，

$$\{x \mid x\text{は偶数である}\}$$

と書くことができます。しばしば上の有限個のものの集合についての記号を拡張して用いて，この偶数全体の集合を，

$$\{0, 2, 4, \cdots\cdots\}$$

という風に表すことがあります。しかしこれは省略記号だと思った方がよいと思います。

集合の集合

だんだん集合を考えてゆきますと，集合を"一つの物"として考えられるようになってゆきます。そうすると集合の集合が考えられるようになります。

たとえば，いま $A_1=\{0,1\}$，$A_2=\{1,3\}$ という二つの集合 A_1，A_2 について "A_1 と A_2 とからできている集合" という新しい集合 $\{A_1, A_2\}$ が考えられるようになります。この集合 $\{A_1, A_2\}$ は "A_1 と A_2 の和集合" $A_1 \cup A_2$ とは全く異なったものですから注意して下さい。この場合，

$$A_1 \cup A_2 = \{0, 1, 3\}$$

です。すなわち，$A_1 \cup A_2$ の元は 0 か 1 か 3 か，どれかです。ところが $\{A_1, A_2\}$ の元は A_1 か A_2 かのどれかです。等しくないだけでなく，考えている場所の次元が全くちがうことに気をつけて下さい。

この点でよくまちがえやすいのは，"元 a だけからできている集合" $\{a\}$ です。この集合は a 自身とよく混同されます。ここで強調して注意しますと，

a は $\{a\}$ の元ですが，
$\{a\}$ は $\{a\}$ の元ではありません

したがって a と $\{a\}$ とは全く異なったものなのです。

さてこのように段々進んでゆきますと，"集合の集合の集合" も考えられるようになります。上の A_1，A_2 をとりますと，$B_1=\{A_1\}$，$B_2=\{A_1, A_2\}$ と定義して $\{B_1, B_2\}$ を

第2章 天地創造

考えますと，これは"集合の集合の集合"の例になっています。この $\{B_1, B_2\}$ は，

$$\{\{A_1\}, \{A_1, A_2\}\}$$

と書いてもよいわけです。どんどんカッコがふえても混同の心配がなければ，

$$\{\{\{0,1\}\}, \{\{0,1\}, \{1,3\}\}\}$$

と書いてもよいのですが，こうなると専門の数学者でも，ちょっとみたときには何が書いてあるのかまごつくことと思います。

空集合と部分集合

一つも元を含まない集合を **空集合** といって ϕ（ファイ）で表します。第1章の流儀でかけば，

$$\{x \mid x \neq x\}$$

で表すことができます。

一つも元を含まないのですから，任意の元 a をとってきたときに $a \in \phi$ は偽，すなわち，

$$a \notin \phi$$

がどんな a に対しても成立します。

いま A を集合とします。集合 B が A の部分集合であるということは，B が A からいくつかの元をとり去ってできることです（この厳密な定義は第1章をみて下さい）。

このいくつかの元をとり去るというのは，一つもとり去らない場合もいれることにします。

したがってA自身はAの部分集合になっています。これは定義にしたがってAの部分集合ですがあまり部分集合らしい気がしないものなのでトリビアルな（つまらない）部分集合といいます。本当になにかとり去ってできる，本当に小さくなる部分集合を真部分集合といいます。トリビアルな部分集合と反対の意味で極端な場合，AからAのすべての元をとり去った場合を考えてみます。これは元が一つもなくなるので空集合ϕがえられます。すなわち，

　　ϕはすべての集合 A の部分集合である

がえられます。上にのべた，AからAの元をすべてとり去るとϕが得られるということを第1章で述べた記号で書くと，

$$A - A = \phi$$

となります。

いまAが簡単な集合の場合にAのすべての部分集合を数えつくしてみましょう。

1) Aが空集合ϕの場合——このときはϕはとりさるべき元を一つももっていません。したがってϕの部分集合はϕ自身しかありません。

2) Aが唯一つの元からできている集合であるとき——いま，Aは1だけからできている集合$\{1\}$であると

第2章 天地創造

Aが1と2との二つの元だけからできている集合 {1, 2} であるとき……Aの部分集合はA, {2}, {1}, φと4個の集合になります。

Aの部分集合

します——この場合，とり去る可能性のある元は1しかありません。したがって何もとり去らないか，または1をとり去るか可能性は二つしかありません。前者の場合はA自身，後者の場合はϕができます。したがってAの部分集合はϕとAとの二つの集合だけであることが分かります。

3) Aが1と2との二つの元だけからできている集合$\{1, 2\}$であるとき——この場合Aから元をとり去る可能性は次の4通りあります。

イ) 一つもとり去らないとき
ロ) 1をとり去るとき
ハ) 2をとり去るとき
ニ) 1と2と双方ともとり去るとき

この4通りになり，したがってできるAの部分集合はA，$\{2\}$，$\{1\}$，ϕという4個の集合になります。

さてAが1, 2, 3と3個の元からできている集合$\{1, 2, 3\}$の場合，Aのすべての部分集合の数はいくつあるでしょうか？ 一般にAがn個の元の集合であるとき，Aのすべての部分集合の数はいくつあるでしょうか？ 今まで計算した場合$n=0, 1, 2$の場を表にしてみますと，

n	0	1	2
部分集合の数	1	2	4

となっています。多少計算になれた人ならば下の欄の数

が 2^n であることがすぐ分かると思います。さて $n=3$ のとき，すなわち $A=\{1,2,3\}$ のすべての部分集合の数は $2^3=8$ 個になっているでしょうか？ 興味のある人は実験してみて下さい。答えは正しいのです。次に n が任意の自然数である場合にこれを考えることにしましょう。

部分集合の数

いま $A=\{1, 2, \cdots\cdots, n\}$ として A のすべての部分集合の数が 2^n になることをここに証明しようというのです。証明の手続きは同じことなので，ここでは $n=3$ のときに行うことにします。いま，

$$(a_1+b_1)(a_2+b_2)(a_3+b_3)$$

という式を考えてこの式を展開します。答えは8個の単項式の和になっています。すなわち，

$$a_1a_2a_3+a_1a_2b_3+\cdots\cdots+b_1b_2b_3$$

ここで a_1, a_2, a_3 を"1が入っている"，"2が入っている"，"3が入っている"と読むことにして b_1, b_2, b_3 を"1が入っていない"，"2が入っていない"，"3が入っていない"と読むことにします。そうすると上の単項式の一つ一つは $A=\{1, 2, 3\}$ の部分集合を表すことになります。すなわち，$a_1a_2a_3$ は 1, 2, 3 がすべて入っているのですから $\{1, 2, 3\}$ すなわち A 自身を表します。同様にして $a_1a_2b_3$ は $\{1, 2\}$，$a_1b_2a_3$ は $\{1, 3\}$，$b_1b_2b_3$ は ϕ を表すことになります。したがって上の単項式の和はすべ

ての部分集合を表していることになります。この議論は n が3と限らず一般の場合に有効です。したがって，$\{1, 2, \ldots, n\}$ のすべての部分集合の数を計算するためには，

$$(a_1+b_1)(a_2+b_2)\cdots(a_n+b_n)$$

と展開してそのなかにどれだけの単項式が含まれているか計算すればよいわけです。これはどのように計算すればよいでしょうか？ 簡単な方法は $a_1=b_1=a_2=b_2=\cdots=b_n=1$ とすべての a と b を1とおいてしまうのです。そうするとすべての単項式は1を何度かかけたものですから1となります。したがって，単項式の和は，その単項式の数だけ1を加えたものすなわち単項式の数に等しいということが分かります。

したがって単項式の数，とりも直さずすべての部分集合の数は，

$$(1+1)\cdot(1+1)\cdot\cdots(1+1)$$

に等しいことが分かります。このカッコの数は n 個で $1+1=2$ ですから全体の数は 2^n となっています。

さて $n<2^n$ ですから，A が有限集合の場合には A のすべての部分集合の数は A のすべての元の数より大きいことが分かります。さて A が無限集合のときにもこのことは成立するでしょうか？ 実際には A のすべての部分集合の数が A の元の数より小さくはないことがすぐ分かるので，両者が等しくないことだけが問題になります。し

かし，この問題を考えるためにはまず無限集合のすべての元の数というものがあるか？ どうかということを考えてみなければなりません。それを次に考えることにしましょう。

集合の濃度

集合のすべての元の個数というものがあるでしょうか？ 集合が無限集合のときにこの個数を定義するのにはどのようにしたらよいでしょうか？ このすべての元の個数は **集合の濃度** といわれるので今後は濃度という言葉を用いることにします。

集合の濃度を考える手がかりとして，有限の場合をもう少し詳しく考えてみることにします。いま本，机，時計とあった場合，私達はこれを数えて数が3であるといいます。それは何をしていることになるのでしょうか？ まず本，机，時計の順で数えたとします，

　　本←→1，机←→2，時計←→3

と数えてこの個数を3と定めるわけです，ここで大切なことは，イ) 同じものを二度数えない，ロ) 数えもれをしない，という二つのことです。

私達は経験からこの二つのことを守ればどんな順序で数えても同じ数がえられることを知っています。例えば，

　　机←→1，本←→2，時計←→3というふうに数えても結果は同じことになります。

さて上の イ)，ロ) を守って数えるということはどん

いま本，机，時計とあった場合，私達はこれを数えて3であるといいます。それは何をしていることになるのでしょうか？

"集合の濃度"への手がかり

第2章 天地創造

なことをしているのでしょうか？

　本←→1，机←→2，時計←→3

という対応は$A=\{$本，机，時計$\}$という集合と$B=\{1, 2, 3\}$という集合の元の間の対応です，そこで上のイ），ロ）の条件をこの二つの集合の元の間の対応の条件としていい直しますと，

　イ）Aのどの元もBの二つの異なった元と対応していない，

　ロ）Aのどの元をとってもそれに対応しているBの元がある。

という条件になります。いまAとBの元の間の対応がこの二つの条件をみたすときに一対一の対応ということにします。

　そうなると，Aの元を数えてその個数がnであったというとき，それはAと$\{1, 2, \cdots\cdots, n\}$との"一対一の対応"があったということを意味します。またちがった順序で数えるということは，ちがった一対一の対応を考えているということになります。

　したがって，有限集合Aの場合に，Aが$\{1, 2, \cdots\cdots, n\}$と一対一の対応があるとき$A$の濃度を$n$と定義しますと，この$n$は一対一の対応のさせ方にはよらず$A$だけによって定まって，$A$の元の個数と一致します。

　これを一般の場合に拡張して，"AとBとが同じ濃度である"ということを"AとBとの間に一対一の対応があること"と定義します。特別な場合として無限集合A

が自然数全体の集合 {0, 1, 2, ……} と一対一の対応があるとき，すなわちAは自然数全体の集合と同じ濃度をもつとき，Aは"可付番"であるとか，Aは"可算"であるとかいいます。偶数全体の集合または奇数全体の集合は，次の一対一の対応から明らかに可付番です。

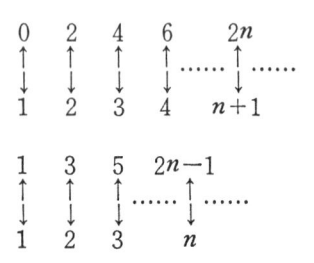

$$\begin{array}{ccccc} 0 & 2 & 4 & 6 & 2n \\ \updownarrow & \updownarrow & \updownarrow & \updownarrow & \cdots \updownarrow \cdots \\ 1 & 2 & 3 & 4 & n+1 \end{array}$$

$$\begin{array}{cccc} 1 & 3 & 5 & 2n-1 \\ \updownarrow & \updownarrow & \updownarrow & \cdots \updownarrow \cdots \\ 1 & 2 & 3 & n \end{array}$$

この例からも明らかなように無限集合はその真部分集合と同じ濃度になることがあります。このことは有限集合には絶対に起きないことなので無限集合の特色になっています。

Aと，Bのある部分集合との間に一対一の対応があるときAの濃度はBの濃度より小さいか等しいといいます。Aの濃度がBの濃度より小さいか等しくて，AとBとの間に一対一の対応がないときAの濃度はBの濃度より小さいといいます。

Aの濃度がBの濃度より小さいときに，Bの濃度はAの濃度より大きいともいいます。

積集合

集合Aがあたえられたとき，Aのすべての部分集合全

体からなる集合をAの **積集合** といって$P(A)$で表します。たとえば$A=\{1, 2\}$のとき，Aの部分集合の全体は，

ϕ, $\{1\}$, $\{2\}$, A

の4個の集合ですから$P(A)$は，

$\{\phi, \{1\}, \{2\}, A\}$

によって表される集合になります。

　こう定義をすると，Aのすべての部分集合の数ということはもっと正確に$P(A)$の濃度という言葉で表されます。

　したがって$n<2^n$から考えた私達の予想は"Aの濃度は$P(A)$の濃度と等しくない"とのべることができます。もう一つ濃度定義を考えていい直しますと，"Aと$P(A)$との間には一対一の対応が存在しない"ということになります。次にこの定理を証明することにします。

カントールの対角線論法

　集合という概念をハッキリと打ち出して考え出したのはゲオルグ・カントール（*Georg Cantor* 1845〜1918）です。カントールが証明したいろいろのことのなかで，上の定理"Aと$P(A)$とはちがう濃度をもっている"はセンセーショナルな出来事だったといってよいでしょう。それまで，"0, 1, 2, ……それに無限"と"無限"は区別のない唯一の無限でした。それが，無限にも濃度とよばれる個数があること，しかもいろいろ異なった濃

度（大きさ）の無限があることを上の定理は示したのです。

これはちょうど，3までしか数えられない野蛮人が3以上の数は，"たくさん"としか数えられなくて，

カントール (G. Cantor 1845〜1918)

1，2，3，たくさん，たくさん……

という数のシステムに対して，現代的な十進法ですべての数の加減乗除が自由にできるという差にくらべてもよいように思います。

さて，証明の本質的な所は同じなので，ここではAが正の自然数全体の集合であるときすなわち，

$A = \{1, 2, 3, \cdots\cdots\}$

の場合にAと$P(A)$との間に一対一の対応がないことを証明します。さて万一，一対一の対応があったとすれば矛盾するという形で証明をおこないます。

Aと$P(A)$との間に一対一の対応があったとします。Aは正の自然数全体の集合ですからAと$P(A)$との間に一対一の対応があるということは，$P(A)$の元つまり，

第2章 天地創造

"無限"は区別のない唯一つの無限でした。それが，無限にも濃度とよばれる"個数"があるとカントールはいいます。

センセーショナルな出来事

Aの部分集合に1番目の部分集合 A_1, 2番目の部分集合 A_2, ……と数えて行って,

　　　A_1, A_2, A_3, ……

という部分集合の例を作っていって,

　イ) 同じ部分集合を二度数えない, すなわち i と j とが異なっていれば $A_i \neq A_j$ である。

　ロ) 数えもれがない。つまり, すべての A の部分集合は必ず $A_1, A_2, A_3,$ ………のなかに出てくる。

という二つの条件をみたすようにできるということです。今, 上の $A_1, A_2, A_3,$ ……という列がこの二つの条件をみたしているとします。このとき A の部分集合 B を次の手続きで作ることにします。

　$1 \notin A_1$ ならば1を B のなかに入れる
　$1 \in A_1$ ならば1は B に入れない
　$2 \notin A_2$ ならば2を B のなかに入れる
　$2 \in A_2$ ならば2は B に入れない
　……
　$n \notin A_n$ ならば n を B のなかに入れる
　$n \in A_n$ ならば n は B に入れない
　……

　これをすべての正の自然数 n について繰り返しますと, 正の自然数の集合 B が完全にきまります。定義によって,

第 2 章 天 地 創 造

ハ) $n \in B \iff n \notin A_n$

がすべての正の自然数 n に対して成立します。

ところで B の元はすべて正の自然数ですから，B は A の部分集合になっています。ですから B は ロ)にしたがって $A_1, A_2, A_3, \cdots\cdots$ のどこかに出てこなくてはなりません。いま B がこの列の m 番目に出てきたとします。すなわち，

$B = A_m$

が成立したとします。上のハ)の n に m を代入しますと，

$m \in B \iff m \notin A_m$

がえられます。ところで $B = A_m$ ですから，

$m \in A_m \iff m \notin A_m$

が得られて矛盾が出てきました。

この証明で $n \in A_n$ と $n \notin A_n$ を考えるのですがこれは，

	A_1	A_2	A_3	A_4
1	$1 \in A_1$	$1 \in A_2$	$1 \in A_3$	$1 \in A_4$
2	$2 \in A_1$	$2 \in A_2$	$2 \in A_3$	$2 \in A_4$
3	$3 \in A_1$	$3 \in A_2$	$3 \in A_3$	$3 \in A_4$
‥	‥	‥	‥	‥

この表のなかのちょうど対角線の所をとり出して考え

ているので，カントールの"対角線論法"と呼ばれて，この証明の外にもいろいろと有効に用いられる方法の一つです。

さて，準備として大分集合についての基本的な考え方を説明してきました。次にはこの章の本論に入って集合の世界の創造についてお話することにします。

集合の世界

さていままで，いつでもあるもとになる領域Dがあるとしてその元の集合を考えてきました。その意味ではしっかりした土台があってその上に集合という建築をつくっているといってよいでしょう。

これからやろうとすることは，何の存在も仮定しないで集合だけしかない世界をつくろうというのです。そんなことは一体可能でしょうか？　私達はいろいろの例で"無から有は生じない"ということを知っています。しかし，ここでは無から有をつくり出すだけではなく，ある意味ではすべてのものをそのなかに含んでしまうような大宇宙を作り上げようというのです。

神は「光あれ」といって光をつくり，その他すべてのものを「いひたもう」ことによってつくっています。私達はどのようにして大宇宙をつくったらよいでしょうか？

まず最初に少しばかり打ち合わせをします。私達は何物も存在を仮定しないで集合だけからできている世界を考えるのですから，$a, b, c, \ldots\ldots x, y, z$などの変数はすべて集合を表すことにします。といっても何も仮定し

第2章 天地創造

ていないのですから，一つも集合がないかも知れません。すべて集合ですから，

$$a = b$$

は第一章の集合の間の＝の意味で a と b とが同じ元からできていることを意味しています。すなわち任意の集合 c をとったとき，

$$c \in a \iff c \in b$$

が成立しています。

ここで注意したいことは $a \in b$ ということは集合 a が集合 b の元になっているということです。

さて何一つ存在を仮定しないで始めた集合の世界は果たして空っぽなのでしょうか？　いいえそうではありません。たとえ何一つ存在を仮定しなくても空集合は存在します。これを $\{x|x \neq x\}$ と定義しても，一つも元を含まない集合と定義してもかまいません。確かに空集合は何一つ存在を仮定しないでつくられる集合です。前と同じように空集合を ϕ で表すことにします。さてそれでは私達の集合の世界は ϕ だけからできているのでしょうか？いいえそうではありません。空集合だけからできている集合 $\{\phi\}$ が少なくともう一つ存在します。ここで $\{\phi\}$ が ϕ とは異なる集合であることは，ϕ が $\{\phi\}$ の元であるけれども ϕ の元ではないことから分かります。
（ϕ には一つも元がないことに注意して下さい）

こうして ϕ，$\{\phi\}$ ができますと，あとは同じ方法で無

空集合は何一つ存在を仮定しないで創られる集合です。私達の世界は ϕ だけからできているのでしょうか。

$\{\phi\}$ と ϕ は異なる集合

第2章 天地創造

数に集合がつくられることが分かります。$\{\phi\}$ だけからできている集合 $\{\{\phi\}\}$ とか，ϕ と $\{\phi\}$ とからできている集合，$\{\phi, \{\phi\}\}$ というように，いまこのつくり方をもっとハッキリ示すために順序数（順序数のことを超限順序数と呼ぶこともあります）を次のように定義します。

空集合 ϕ から始めて，今までつくってきた集合全体の集合を次々とつくってゆき，この操作を限りなく繰り返してゆく，この過程にできる集合を **順序数** といいます。

さてこの定義に従って順序数をつくって行ってみましょう。

まず ϕ をつくります。これを "0" となづけます。私達は創世紀の神のように何もない所から始めるのです。ですからもちろん 0 というものなどありません。何もない所に初めて出てきた ϕ ですから，私達が 0 と名付けて少しも構わないわけです。「神光を昼となづけ暗を夜となづけたまへり」というわけです。さて，順序数生成の第二段にゆきましょう。これは "今までにつくった集合 0 からだけできている集合をつくる" ことすなわち $\{0\}$ をつくることです。こうしてつくられた集合 $\{0\}$ を 1 と名付けましょう。順序数を作る第三段はなんでしょうか。"今までつくった集合 0, 1 だけからなる集合を作ること" です。すなわち $\{0, 1\}$ を作ることです。この集合を "2" と名付けましょう。

この操作をかぎりなく繰り返してゆくのです。神は第七日目にお安息みになりましたが私達の順序数の生成は休みなく繰り返すのです。こうしてできる順序数の列と

その名前の列をかきますと次のようになります。

$$\phi, \ \{0\}, \ \{0, \ 1\}, \ \{0, \ 1, \ 2\}, \ \cdots\cdots$$
$$0, \quad 1, \qquad 2, \qquad\quad 3, \ \cdots\cdots$$

こうしていくと任意の自然数がすべて順序数として生成されてゆく過程がよく分かると思います。自然数 0, 1, ……, n までつくった所で次の自然数をつくる過程は"いままでつくった順序数全体の集合"ですから $\{0, 1, \cdots\cdots, n\}$ でこれを $n+1$ と名付けるわけです。すなわち,

$$n+1 = \{0, \ 1, \ 2, \cdots\cdots, \ n\}$$

となっています。ここで n の元の個数がちょうど n 個であることに注意して下さい。これが上の集合を n と名付けることの一つの動機になっています。

さて私達がちょうど自然数全部 0, 1, 2, 3, 4, 5, ……をつくり上げた所を考えてみましょう。私達の順序数はこれで全部でしょうか? いいえそうではありません。私達はいままでつくり上げた順序数全体の集合を創るのです。すなわち,

$$\{0, \ 1, \ 2, \ \cdots\cdots\}$$

をつくるのです。この集合を ω (オメガ)と名付けます。すなわち ω は自然数全体の集合です。ω の次につくられる集合はなんでしょうか? それは, $\{0, 1, 2, \cdots\cdots, \omega\}$ でこれを $\omega+1$ と名付けます。また少しばかりこうして創って行く集合の列とその名前の列をかいてみますと,

第2章 天地創造

$\{0, 1, 2, \cdots\cdots\}$, $\{0, 1, \cdots\cdots \omega\}$, $\{0, 1, \cdots\cdots, \omega, \omega+1\}$, $\cdots\cdots$
　　　　ω,　　　　$\omega+1$,　　　　$\omega+2$, $\cdots\cdots$

となります。この先をさらにつづけますと,

$\{0, 1, \cdots, \omega, \omega+1, \omega+2, \cdots\}$,　$\{0, \cdots, \omega, \cdots, \omega+\omega\}$,
　　　　$\omega+\omega$,　　　　　$\omega+\omega+1$,

　　　　　　$\{0, \cdots, \omega+\omega, \omega+\omega+1\}$, $\cdots\cdots$
　　　　　　　　$\omega+\omega+2$, $\cdots\cdots$

となります。この先限りがないのですが, $\omega+\omega$ を $\omega\cdot 2$ と名付け, $\omega+\omega+\omega$ を $\omega\cdot 3$ と名付け, $\{0, \cdots, \omega, \cdots, \omega\cdot 2, \cdots, \omega\cdot 3, \cdots\cdots\}$ を $\omega\cdot\omega=\omega^2$ と名付けます。すなわち $\omega\cdot\omega$ の元のなかにはすべての自然数 n に対して $\omega\cdot n$ が入っています。これから, ω^3, ω^4, $\cdots\cdots$ と繰り返してゆき, それから ω^ω, ω^{ω^ω}, $\cdots\cdots$, と限りなく繰り返してゆきます。

　順序数の生成というものがいかに途方もない大きな世界の生成であるか, 多少の感じは分かっていただけたかと思います。

　前にも述べましたように, 集合論を始めたのはカントールですが, カントールは集合論を擁護して,
「数学の本質はその自由性にある」
といっています。精神の自由というものがいかに創造性のあるものか, 目をみはる思いをします。それにしても, この集合の創造は「光あれ」といって光を創った神の創造にそっくりではありませんか！

　さて次に順序数の生成と全く異なった集合の創造を考

えてみます。

　自然数全体の集合ωの積集合$P(\omega)$をつくります。これはカントールの定義によってωより濃度の大きい無限集合になっています。末梢の技術に属することなのでここでは説明しませんが，$P(\omega)$を作ることは実数全体の集合をつくることと本質的には同じことです。さらに$P(\omega)$の積集合 $P(P(\omega))$ をつくってみましょう。またカントールの定理によってこれは$P(\omega)$よりさらに濃度の大きい無限集合になっています。$P(P(\omega))$は本質的には実数から実数への関数全体の集合と同じことになっています。このように，積集合をつくる過程を繰り返してゆきますと，現代数学で考えられるすべての関数，集合，構造がこの集合だけの世界のなかに簡単に埋めこまれてしまいます。

　その昔"自然数は神が創った。あとは人間がつくった"などといわれたものです。しかし，ここでは数学者は何もない所から自然数はおろか，現代数学で考えられるありとあらゆるものを素手で集合の世界につくっているのです。

「数学には言葉と論理しかいらない」
こう高らかに言いはなして，無から壮大な大宇宙をつくりあげて，そのなかに整然とした数学を構成して行く数学者の喜びは大きなものでした。このエデンの楽園にも比すべき数学の楽園は"カントールのパラダイス"または"カントールの楽園"と呼ばれています。しかし，旧約の物語のように数学者はカントールのパラダイスから出

第2章 天地創造

「数学には言葉と論理しかいらない，数学の本質はその自由性にある」……カントール

カントールの楽園

て行かなければならなかったのです。

楽園追放

1895年にカントールは不思議なことを見出しました。それは整列集合についてのことです。**整列集合** というのは，大ざっぱにいえば，何か集合を順序数と同じ順序に並べたものです。例えば，自然数全体を，

$$0, \ 1, \ \cdots\cdots, \ \omega, \ \omega+1, \ \omega+2, \cdots\cdots$$

と同じ形に並べることは次のようにしてできます。

$$0, \ 2, \ 4, \cdots\cdots, \ 2n, \cdots\cdots, 1, \ 3, \cdots\cdots, 2n+1, \cdots\cdots$$

このように集合をある所までの順序数と同じ型に並べたものを整列集合といいます。ですから整列集合についての議論は本質的には順序数についての議論と同じことになります。今からする話は歴史的には整列集合に関する議論ですが，ここでは多少変形して順序数についての話として議論してゆくことにします。

カントールの奇妙な議論を説明するためにもう少し順序数について考えることにします。

まず順序数を $\alpha, \ \beta, \cdots\cdots$ というようにギリシア文字で表すことにします。順序数の生成の時に α の方が β より以前につくられたとして $\alpha<\beta$ と書くことにします。

この定義をしますと，任意の順序数 $\alpha, \ \beta$ をとったときに，

$$\alpha<\beta, \quad \alpha=\beta, \quad \beta<\alpha$$

のどれか一つがそして一つだけが成立していることは明らかでしょう。(α が β より先につくられていれば $\alpha<\beta$, あとにつくられていれば $\beta<\alpha$, そうでなければ $\alpha=\beta$)

さらに,

$$\alpha<\beta,\ \beta<\gamma \Rightarrow \alpha<\gamma$$

というような性質が成立することも明らかと思います。またさらに α, β を任意の順序数としますと次のことが成立します。

$$\alpha\in\beta \Longleftrightarrow \alpha<\beta$$

これを説明しますと次のようになります。

1) $\alpha<\beta$ とすると, β は α よりあとにつくられている。β はそれまでのすべての順序数の集合である。それまでのすべての順序数のなかには α が入っているから $\alpha\in\beta$ が成立する。

2) $\alpha\in\beta$ とする。β はそれまでのすべての順序数の集合であるから, $\alpha\in\beta$ ということは α は β より先につくられたことを意味する。すなわち $\alpha<\beta$ が成立する。

もう一つ次の定理を証明します。

"どんな順序数 α をとっても,

$$\alpha<\alpha$$

となることはない"

これを見るために順序数で $\alpha<\alpha$ をみたす α があるかどうかを最初から順々にチェックして行きます。$\phi=0$ は元を一つももっていないのでこの性質をみたさないこ

とは明らかです。今この性質をみたす α が最初に出た所を考えてみます。$\alpha < \alpha$ ですからこれは同じ α が先に出ていることになって矛盾します。

さてカントールの奇妙な議論は次のようにおこなわれます。

1. 順序数全体の集合をつくってこれを A とする。

2. A はそれまでにつくったすべての順序数の集合であるから順序数でなければならない。したがって再び A を α と名付ける。

3. α は順序数であるから $\alpha \in A$ すなわち $\alpha \in \alpha$ ($A = \alpha$ だから) となる。すなわち, $\alpha < \alpha$ となって矛盾する。

この矛盾にはごく普通に集合をつくる以外には何も特別な仮定を用いていないので, 集合概念からの矛盾になっています。カントールは1895年にこれをみつけても発表はしていません。しかし, 翌年1896年にこの矛盾についてヒルベルト(D. Hilbert)につたえています。これは現在からみると多少奇妙に思えないでもありません。現在誰かが現在の集合論に矛盾をみつければ大発見として発表するでしょうから。ところで, 当時の人にとって集合論の矛盾とは自分達の理論の困難であって, 困難を克服することを論文として発表することに意味があっても, 困難自身を論文として発表することは考えられないことだったのです。カントールがヒルベルトにこの困難について伝えた翌年1897年に, ブラリフォルティ (Burali-Forti)が同じ矛盾を発見して発表しています。ここでも注意すべきことは, ブラリフォルティは決して矛盾が出

第2章 天地創造

たと思って発表しているのではありません。ブラリフォルティはカントールの定理，二つの順序数 α, β をとると（正確には整列集合 α, β ですが），

$$\alpha<\beta, \quad \alpha=\beta, \quad \beta<\alpha$$

のうちのいずれかが成立する。

……が，誤った定理だと考え，その定理が成立しない反例を得たと思って発表しているのです。すなわちブラリフォルティも困難を発表したのではなくて新しい定理を得たと思って発表しているのです。しかし，ブラリフォルティの論文には整列集合の定義に多少欠陥があり，カントールは「ブラリフォルティはどうも整列集合の概念を正確に理解していないようだ」と冷たい反応を友人への手紙に書いています。

カントールの集合論の形成はよき理解者デデキント（Dedekind）との往復書簡によく示されていて，かなりの部分はこの往復書簡によってでき上がったといってもよいのですが，カントールは1899年のデデキントへの手紙にもう一つの矛盾についてのべています。それは次のようなものです。

1. すべての集合の集合をつくってこれを "V" と名付けます。
2. 次に V の積集合 $P(V)$ をつくります。$P(V)$ はカントールの定理によって V より大きい濃度をもっています。ところで V はすべての集合の集合ですから $P(V)$ が V より大きい濃度をもっているということは矛盾し

ます。

　もちろんカントールは，この困難を発表したりしませんでした。カントールはこれらの困難ももう少しキチント考えることによって回避できると信じていたようです。

　ところでラッセル（B. Russell）はこのカントールの$P(V)$による矛盾を分析研究してそのなかで，矛盾に不必要な要素を取り去って矛盾に必要なギリギリの性質だけをとり出しました。これが"ラッセルのパラドックス"といわれるもので，次のようにのべられます。

　1．$R = \{x | x \notin x\}$　なる集合を定義する。すなわちRは"自分自身を元としない集合"全体の集合である。
　2．第一章の集合の基本原則によって，
　　$R \in R \iff R \in \{x | x \notin x\}$
　　　　　$\iff R \notin R$

（ここで最後の$\iff$に集合の基本原則を用いました。すなわち，
　　$R \in \{x | \varphi(x)\} \iff \varphi(R)$
の$\varphi(x)$を$x \notin x$として考えています）
　3．$R \in R \iff R \notin R$
は矛盾である。（$R \in R$を真とすれば$R \notin R$は偽，$R \in R$を偽とすれば$R \notin R$は真で，同等になることはできない）

　このラッセルのパラドックスは確かにカントールの$P(V)$の矛盾を分析すれば出てくるのです。その証明は

カントールの定理の証明——$P(V)$ が V より大きい濃度である——の対角線論法をうつしたものになっています。すなわち，前に $n \notin A_n$ としたものを今度は $x \notin x$ と考えているわけです。（$x \notin x$ の所が x と x の所で，本当の対角線です）

しかしながら，ラッセルのパラドックスは余分のものを含まないギリギリのもので，一体集合概念のどこが矛盾をつくる原因になるのかをハッキリさせたといってよいでしょう。以前の矛盾ではなんとなく複雑な要素があって気の進まない所を，ラッセルのパラドックスによって集合論が本当の意味で深刻な危機におちいっていることが明らかになったといってよいでしょう。

こうして数学者アダムとイブは集合という原罪を背負ってカントールの楽園から出て行かねばなりませんでした。

楽園から追放されたアダムとイヴの二人が地上でどのようなものをつくりあげたか？　それは次の章の物語となります。

さて，地上における集合論は次章として，ここに述べてきた集合論の矛盾がまき起こした波乱について，集合論以外の所への影響をここに少しばかりのべておきます。

数学基礎論

集合論の矛盾は仮定なしの矛盾と思われたので（ということはその当時集合は数学の一番普通の道具立てであり，ラッセルのパラドックスに主に用いられる集合の基

ラッセルのパラドックスによって，数学者のアダムとイブは集合という原罪を背負ってカントールの楽園から出て行かねばなりませんでした。

ラッセルのパラドックス

第2章 天地創造

本原則はすでに数学で常用のものとなっていたから）深刻な数学の危機として考えられたのでした。

多くの秀れた数学者がこの矛盾の解決に苦心したのです。それが契機としてでき上がった分野が数学基礎論と呼ばれる分野です。ここでは簡単な解説をしますが，興味のある人は数学基礎論あるいは数理論理学の本を読まれることをおすすめします。

この問題に一番真剣にとり組んだのは今世紀最高の数学者といわれるヒルベルトです。ヒルベルトは集合論から離れて現在の数学自身に矛盾がないことを証明することを提唱します。もう少しハッキリいいますと，

1．現在用いられている論理の体系を形式化する。すなわちいかなる推論方式が用いられているか，いかなる論理的な公理が用いられているかを形式的な体系としてハッキリ記述する。

2．数学的体系を形式化する。すなわち上の論理の体系の上にどのような数学的公理を付け加えると現在の数学の体系ができるかを形式的な体系として記述する。

3．上の公理的な体系から矛盾が出ないことをその形式的な体系についての推論として証明する。

このプログラムは"ヒルベルトのプログラム"と呼ばれて，その方面ではゲンツェンによる大きな発展——自然数論の無矛盾性の証明があり，またこのプログラムでは数学の証明の性質を詳細に調べるので，証明論という大きな分野に成長しています。またこのヒルベルトの流

儀は形式的な数学の体系について考察するのでヒルベルトの形式主義とよばれています。形式的数学の体系についての議論は"超数学"という名前で呼ばれることもあります。「カントールのつくったパラダイスをそうムザムザと離してなるものか」というのがヒルベルトの心境だったといわれています。

ヒルベルトに比べて，ラッセルのこの数学の危機に対する態度は表面上はのんびりしたもののように思われます。「こんな閑つぶしみたいなことに一人前の大人が苦労するということはおかしいことだとは思うけれども考えさせられてしまった」というのが彼の感慨だったようです。ラッセルの議論は論理主義とよばれています。彼の考えはだいたいにおいて次章にのべる公理的集合論とヒルベルトの形式主義のなかに発展的解消をしていると思うので，ここでは省略しましょう。

もう一人数学の危機について深刻に考えた人はブラウワー（Brouwer）です。ブラウワーの主義は直観主義とよばれています。ブラウワーは私達の論理自身が間違っているのだと主張します。もっとはっきりいって排中律，

$$a \vee \daleth a$$

a かまたは a でないかどちらかが成立することがおかしいと主張します。彼の言分は大ざっぱにいって次のようなものです。

1．私達は人間であって神ではない。したがって，すべての命題について a か "a でない" かを確かめる方法を

第2章　天地創造

もっていない。

　2．したがって，$a \vee \neg a$ という主張は絶対者神の論理であって私達人間の論理ではない。

　3．私達人間はすべからく人間の論理を展開すべきである。この人間の論理はすべて経験的なものでなければならない。たとえば，

$$a \vee \neg a$$

は，いつかは a か $\neg a$ かどちらかが分かることを主張するものでなければならない。この人間の論理においては $a \vee \neg a$ が正しい根拠はどこにもない。

　ブラウワーは，この直観主義の立場に立って現代の数学を否定，直観主義独特の数学を展開します。

　ヒルベルトの形式主義とブラウワーの直観主義では根本的な理念において，

〈ヒルベルト　現代数学を救おう〉
〈ブラウワー　現代数学を打破しよう〉

と正反対であったため，激しい論戦が展開されました。しかし，一方においてはこのライバル意識と論戦によって形式主義と直観主義とが健全な発展をとげたといえないことはありません。

　いずれにしても数学基礎論は集合論の矛盾から端を発した現代数学にはちがいありませんが，集合論とは直接の関係がないのでこの辺りで打ち切ることにします。

第3章

公理的集合論——現代数学の基盤

ツェルメロの集合論

いままで出てきた集合論の矛盾を考えてみると次の三種類になります。

1. 順序数全体の集合を考えるもの。
2. 集合全体の集合を考えるもの。
3. ラッセルのパラドックス。すなわち，

   $\{x \mid x \notin x\}$

を考えるもの。1．と2．とはいずれも極端に大きな集合を考えることになっています。

いま三番目のラッセルの集合，

   $\{x \mid x \notin x\}$

第3章 公理的集合論

がどうなっているか？ をチェックするために $a \in a$ という条件がどんな条件なのか少しばかり調べることにします。

次の二つの性質は大切です。

イ) a が空集合 ϕ のときは $a \notin a$ はみたされている。ここは $\phi \notin \phi$ を意味しており、ϕ に一つも元がないことから明らかです。

ロ) いま集合 a の任意の元 x をとったとき、$x \notin x$ がみたされているとします。そのとき $a \notin a$ はみたされています。

〈**証明**〉 もし、$a \in a$ が成立していたとすれば、a は a の元で $a \in a$ が成立するのですから、上の仮定に反します。

さて、イ）から ϕ すなわち 0 については $0 \notin 0$ が成立しています。これに ロ）で $a = \{0\}$ とおいて $0 \notin 0$ を適用しますと $\{0\}$ すなわち 1 について $1 \notin 1$ が成立していることが分かります。さらに $2 = \{0, 1\}$ で $0 \notin 0$, $1 \notin 1$ が分かっていますから、

ロ）によって $2 \notin 2$ が分かります。こうやって順々にやって行くと、すべての自然数 n について $n \notin n$ が成立することが分かります。この同じ論法を自然数全体の集合、

$$\omega = \{0, 1, 2, \cdots\cdots\}$$

に用いますと、$\omega \notin \omega$ が分かります。また ω の任意の部分集合を b としますと、b の元は自然数だけで、自然数には $n \notin n$ が成立しますからやはり ロ）によって $b \notin b$ ということが分かります。さて $P(\omega)$ の元 b は ω の部分集

95

合ですから，今いったことで $b \notin b$ がみたされます。したがって ロ)によって $P(\omega) \notin P(\omega)$ が分かります。

この論法を繰り返してゆきますと，$P(P(\omega))$，$P(P(P(\omega)))$……がすべて $a \notin a$ なる性質をもっていることが分かります。前にもいいましたが $P(\omega)$ は実数全体の集合と思ってよし，また $P(P(\omega))$ は実数から実数への関数全体の集合と思ってよいので，普通数学で必要な集合が全部 $a \notin a$ という性質をみたしていることが分かると思います。したがって，ラッセルの集合 $\{x | x \notin x\}$ は少なくとも普通数学で考える集合は全部含んでいて，やはり極端に大きい集合であることが分かります。

こういうことがだんだんハッキリしてきて，集合論の矛盾に対して当時の人はだいたいにおいて次のような意見をもつようになってきました。

1．集合論の矛盾に出てくる集合は普通数学に用いられる集合とは全く異なるタイプの集合である。

2．別の言葉でいえば，集合論の矛盾に出てくる集合はいずれも大きすぎる集合であり，普通数学に出てくる集合は尋常な集合で比べてみれば小さな集合である。

3．したがって，普通の大きさの，大き過ぎない集合だけを考えれば，数学を建設することが出きるだけではなく，今まで通りに何の不自由も感じなく，その上矛盾を避けることができる。

だいたいにおいて，当時の多くの人が考えていたこの考えを最初に論文の形で発表したのが ツェルメロ (E. Zermelo) です。

第3章　公理的集合論

ツェルメロの集合論についてはあとでもう一度ふれることにして，$a \notin a$ という性質についてちょっとした注意をすることにします。集合論の矛盾で活躍した集合について，この性質がどうなっているかを調べてみるのは面白いことです。

最初に順序数全体の集合を α としますと，私達の α による矛盾は $\alpha < \alpha$ すなわち $\alpha \in \alpha$ を証明することで始められました。ですから，$\alpha \in \alpha$ が成立するだけでなく，これが矛盾成立の大きな理由になっています。

つぎに集合全体の集合 V について考えてみますと，この場合もすべての集合は V の元となっているのですから，

$$V \in V$$

が成立します。
最後にラッセルの集合を考えます。このため，

$$R = \{x \mid x \notin x\}$$

とおきます。ラッセルのパラドックスを一言でいえば，

$$R \in R \iff R \notin R$$

であったわけです。したがって，R の場合には $R \in R$ か $R \notin R$ かどちらか？　と考えること自身が矛盾の証明になっています。

さて，ツェルメロの集合論にもどることにします。ツェルメロの考えはだいたいにおいて次のようなものです。

ラッセルのパラドックスを一言でいえば，$R \in R \Leftrightarrow R \notin R$ であったわけです。したがって R の場合には $R \in R$，$R \notin R$ のどちらでしょうか？

パラドックス

第3章 公理的集合論

1. 普通の小さな集合だけを集合と呼んで,大き過ぎる集合は"クラス"と呼んで集合とは考えないことにする。この上で,

$$a \in b$$

が成立するためには"aは集合である"という条件がみたされなければならない,とする。すなわち $a \in b$ が成立するためには a はクラスであってはならない(b はクラスでも集合でもよい)。いいかえれば,元となりうるものは集合だけである。

2. 集合の基本原則

$$a \in \{x | \varphi(x)\} \iff \varphi(a)$$

は a が集合のときだけ成立する。

3. さて,大き過ぎない集合すなわち新しい意味での集合を大き過ぎないという漠然たる言葉でなくて,ハッキリと定義する必要がある。これを厳密に考えて定義しようとすると大変であるから,経験上から当分必要で大き過ぎないことがハッキリしている次のものを少なくとも"集合"と呼ぶことにしよう。

3.1) 空集合は集合である。

3.2) $a_1, a_2, \ldots, a_n$ が集合であるとき,$\{a_1, \ldots, a_n\}$ は集合である。

この3.1)と3.2)から,すべての自然数が集合であることが出てきます。

3.3) 自然数全体の集まり ω は集合である。

3.4) a が集合であるとき $P(a)$ も集合である。

3.5) I が集合で,$a_\alpha(\alpha\in I)$ 全体の集まり $\{a_\alpha|\alpha\in I\}$ が集合であるとき,a_α の和集合 $\bigcup_{\alpha\in I} a_\alpha$ も集合である。

3.6) a が集合であるとき,a の一部分の集まりはやはり集合である。特別な場合として $\{x|x\in a\wedge\varphi(x)\}$ は a の一部分であるから集合である。今この集まりを,

$\{x\in a|\varphi(x)\}$ とかくことにすれば,

次のように表すこともできる。

a が集合ならば $\{x\in a|\varphi(x)\}$ もまた集合である。

この公理は集合の基本原則で暗々裡に考えられた変数の範囲 D が集合 a であるときに $\{x|\varphi(x)\}$ すなわち,$\{x\in a|\varphi(x)\}$ が再び集合になるという意味で,集合の基本原則がこの場合成立することを意味しています。この公理は"ツェルメロの分出公理"とよばれます。

3.7) 選択公理——選択公理についてはまたあとで説明することにして,ここでツェルメロの集合論についてもう少し考えてみることにします。

ツェルメロの集合論で集合と保証される集合の範囲は小さ過ぎるのです。これを少しばかり説明することにします。

順序数をつくるときに $2=\{0,1\}$ と2をつくりましたが,実はこのときこの外に $\{1\}$ をつくることもできたのです。できたという意味はこの段階ではもうすでに1ができているのでただちに $\{1\}$ をつくることができるとい

第3章　公理的集合論

う意味です。

これにくらべて，順序数0をつくるときはまだ何もないときですから集合としても空集合すなわち0しかつくる可能性がありません。同様に順序数1をつくるときはそれまでに集合としては0しかできていませんから，可能な集合は{0}しかありません。したがって，この2をつくるときが順序数以外の集合をつくれる初めてのチャンスです。さて順序数3をつくるときは3以外にどのような集合がつくれるでしょうか？　今までですでにつくったものを除いて答えだけ書くと次のようになります。

$$\{\{1\}\},\ \{2\},\ \{0,2\},\ \{1,2\},\ \cdots\cdots$$

いま順序数をつくるときに同様につくれる可能性のある集合をならべて書くと次のようになります。

順序数	集合
4	
3	{{1}}, {2}, {0,2}, {1,2}, 3
2	{1}　　　2
1	1
0	0

順序数4をつくる際につくれる可能性のある集合はそ

の数が多くてとても図ではかけないので省略しました。一体いくつあるのか計算してみて下さい。だいたいにおいて n が大きくなるにつれて，それと同時につくれる可能性のある集合の数が急激にふえてゆきます。それでも n が自然数の場合はその数は有限で正確には第 n 段階（最初を第 0 段階と勘定します）に出てくる集合の数は $2^n - 2^{n-1}$ （$n > 0$ とする $n = 0$ のときは 1）です。もっと中味が分かる表現をすれば，第 n 段階になるまでに出ている集合の数は $2^{\cdot^{\cdot^2}} n - 1$ （$n > 0$ とする $n = 0$ のときは 0 とする）です。ですから上の図のように順序数をたて軸にして順序数と同じ高さにその段階に出てくる集合をならべますと，集合の方の図は V という形になりその広がりは上の方へゆくほど急激になります。集合全体のクラス（もう集合全体の集合とは呼ばないで正式にクラスといいます）をよく V と表すのですが，この集合の図から V という字が来たと思う人がいるくらいです。実はこれは Vollraum（全空間）というドイツ語の頭文字です。もうちょっと注意すれば第 ω 段階に出てくる集合の濃度は ω の濃度より大きく $P(\omega)$ の濃度になっています。

いま集合 a が第 α 段階に出てくるときに a のランクが α であるといって，

$$\mathrm{rank}(a) = \alpha$$

で表します。例えば $\mathrm{rank}(\{1, 2\}) = 3$ となります。

さらに，第 α 段階以前に出ている集合全体の集合を $R(\alpha)$ で表します。上のランクを用いて R を定義します

第3章 公理的集合論

順序数4をつくる際につくれる可能性のある集合は、一体いくつあるでしょうか？

{{1}}, {2}, {0,2}, {1,2}}
{1} 2
1
0
⋮

順序数

と，

$$R(\alpha) = \{x \mid \mathrm{rank}(x) < \alpha\}$$

となっています。たとえば，自然数 n に対して $R(n+1)$ の濃度はちょうど $2^{\cdot^{\cdot^{2}}}\}n-1$ になっているわけです。

R についての主要な性質として次のものが成立します。

$$P(R(\alpha)) = R(\alpha+1)$$

この性質は別にあとで用いるわけではありませんが R の内容をよく表しています。どうしてこうなっているのか？　一つ考えてみて下さい。

さて，「ツェルメロの集合論は小さすぎる」（または弱すぎるといってもかまいません）ということは次のことに依って端的に表されます。

1．$R(\omega+\omega)$ に属する元だけを集合だと考えるとツェルメロの集合論の公理はすべてみたされてしまう。

2．したがって，ツェルメロの集合論では $R(\omega+\omega)$ はすでにクラスであるかも知れません。同様にして $\omega+\omega$ もすでにクラスであるかも知れません。

3．したがって，たとえば $\omega+\omega$ が集合であること，とりもなおさず $\omega+\omega$ という順序数が存在することはツェルメロの集合論では証明できない。

ツェルメロの集合論が弱すぎるという意味が分かっていただけたかと思います。しかし，弱いといってもツェルメロの集合論のなかでだいたいにおいて解析学は展開

第3章 公理的集合論

することができます。その意味ではツェルメロの集合論は一応の成功をおさめたといってよいかと思います。

このツェルメロの集合論のその時代での意味を考えますと次のような長所と短所とをもっているといってよいと思います。

〈長所〉 集合とはなんであるのか？ というような難しいことを考えない。したがって現実的で機能的で仕事をするのに都合がよい。

〈短所〉 集合がなんであるか？ という本質的なことを考えていない。したがって思想性を欠き，深い問題に到達しない。

この長所と短所は同時にツェルメロの集合論をうけついだ現在の公理的集合論，ならびにそのなかに安住する現代数学の長所と短所といってよいと思います。

関数について

選択公理について説明するために，まず関数を集合論のなかでどのように考えるかを説明することにします。

最初に$<a, b>$を$\{\{a\}, \{a, b\}\}$によって定義します。この定義はあまり深刻に意味を考えるとかえって混乱してしまいます。理由は集合a，bから出発してそれらの集合の集合を考えているわけで，概念構成の次元が高いからです。しかし，この定義の理由はそういうこととは無関係で次の性質が成立するということだけです。

$<a, b> = <c, d> \Rightarrow a=c \wedge b=d$ ここで$\wedge$が“そして”であることを思い出して下さい。

この性質は$<a, b>$からもとのaとbとが"一意的"に定まることを意味しています．すなわち，aとbとを（その順序も含めて）指定する代わりに$<a, b>$を一つ指定すればよいので$<a, b>$を"aとbとの順序対"または単に"a, bの対"と呼びます．

　上の性質の証明は初等的ですがゴタゴタするので，それにあまり意味もないのでここでは省略します．その証明よりは$<a, b>$がまた一つの集合であること，したがって私達の集合だけの世界からハミダシていないことの方に注意して下さい．

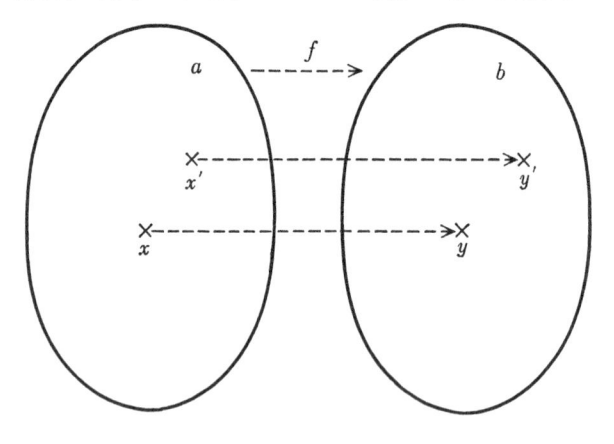

　つぎに"fがaからbへの関数である"ということを定義します．これを$f : a \longrightarrow b$で表すことにします．こ

第3章　公理的集合論

こに問題は a, b だけでなく f も集合としてこの性質を定義したいということです。

　まず直観的に f は a の元に b の元を対応させるものとします。たとえば、a の元 x に b の元 y を a の元 x' に b の元 y' を……というふうに対応させるものとし、このとき "x に y を対応させる" ということを何かでマークしたいのです。ここでは $<x, y>$ でマークすることにします。すなわち、$<x, y>$ をみたら「ははん、x に y を対応させるのだな」と思うことにします。

　いま "a から b への関数 f" を完全にきめるということは、a のどの元に b のどの元を対応させるかを全部きめてしまえばよいわけですから、すべての a の元 x に対して対応させられた b の元 y をとって $<x, y>$ を全部ならべてしまえばよいわけです。もっとハッキリいって、

　$\{<x,y>\,|\,x に f で y が対応させられている\}$
　　(x に f で y が対応させられているような $<x, y>$ 全体の集合)

を決めますとそれで f は完全に記述されているといってよいわけです。

　いま、すべてを集合だけで表したいので集合以外の概念として関数が入ってきては困りますから、関数を上の集合でもって表すことを考えます。すなわち、上の集合自身が f という関数であるというように考えます。そうすると、f は次のような性質をみたしていることが分かります。

直観的に f は a の元に b の元を対応させるものとします。例えば，a の元 x に b の元 y を a の元 x' に b の元 y' を……という風に。

"f が a から b への関数である"の定義

第3章　公理的集合論

1. fの元はすべて"aのある元にbのある元を対応させる"対応関係を表すものでなければならない。すなわち，fの元は$<x, y>$という形であってここで$x \in a$で$y \in b$がみたされなければならない。

2. どんなaの元xをとっても，fによってxに対応するbの元yがただ一通りに定まらねばならない。すなわち，どんなaの元xをとっても$<x, y> \in f$となるようなbの元yがただ一通りに定まる。

逆にこの1，2の条件を満足する集合fをとってきますと，$<x, y> \in f$を"fによってxにyが対応させられている"と読めば，fがaからbへの対応をただ一通りに定めることは明らかですから，fはaからbへの関数を表していることになります。

集合論では，いつでも関数は順序対を用いてこのように再び集合の形で表すのです。

これからfが関数のとき，$<x, y> \in f$のことを普通のように$y = f(x)$で表すことにします。

選択公理

選択公理とは次の形の公理です。

いまaが"空でない集合"とします。aの元を$a_\alpha, a_\beta,$ ……で表すことにします。このときfというaからの関数でaの"空でない元"$a_\alpha, a_\beta,$ ……に対して$x_\alpha, x_\beta,$ ……を対応させて$x_\alpha \in a_\alpha, x_\beta \in a_\beta,$ ……をみたすような関数fが存在する。

もっとハッキリいえば前の記号では$x_\alpha = f(a_\alpha)$, $x_\beta = f$

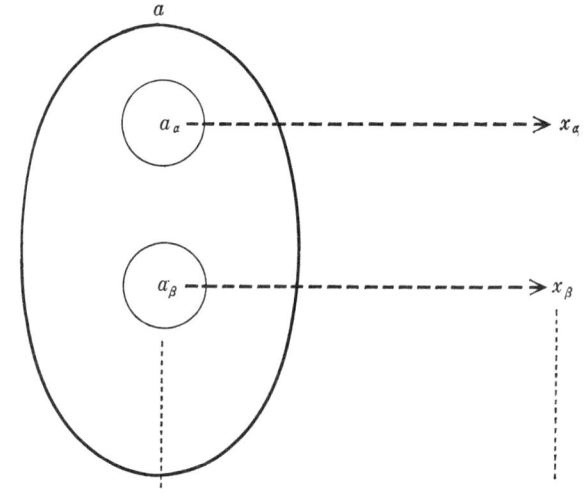

(a_β), ……ですから，a の任意の空でない元 a_α に対して，

$$f(a_\alpha) \in a_\alpha$$

をみたすような関数 f が存在する。

　f は a の元から，その元をとり出す関数なので選択関数といいます。a がたくさんのグループの集合であって，f は各々のグループからその代表をとり出す関数だと思ったらよいわけです。どんな集合 a にも選択関数が存在することを主張するのが"選択公理"です。a が無限に多くの元を含んでいるときには，人間には各々の集合から一つ一つの元をとり出してゆくことは現実に実行することができるとは限りませんが，神様がいればキットできるだろうと思われることなので，f が存在することだけを主張してどのように作ってみせるか？　という

第3章 公理的集合論

ことは主張していないのでこの公理は正しい公理として承認されています。

　この公理が必要なことを見抜いて，この公理を提出したのがツェルメロの功績です。

　ところで数学の歴史をみますと，ある定理を選択公理を用いれば簡単に証明できるものを，選択公理なしで大騒ぎをして証明してある論文がたくさんあります。もちろん，数学のどの定理をとってもその定理がどれどれの定理から論理的に出てくるかという論理的関係は無意味なものではありませんが，何も選択公理が正しいものならばそんな大騒ぎをするのはムダで馬鹿げているのではないかという当然の疑問が起きてきます。

　このことについて説明することにします。前にのべたように集合だけの世界（集合論）のなかで自然数全体の集合 ω を定義することができます。この ω はさらに，

$$\{x\,|\,\varphi(x)\}$$

という形でかけて，ここに φ は変数と論理記号と $\in$ だけで完全に書き下ろされているようにできます。この意味では ω は完全に定義されているわけです。同じ意味で，$P(\omega)$ やしたがって実数全体の集合も完全に定義されます。これはたいていの数学にでてくる概念についていえます。たとえば a, b が実数のとき $a+b$ という関数を，

$$\{x\,|\,\varphi(x,a,b)\}$$

の形に書き下ろすことができます。ここで φ は変数と $\in$

と論理記号で完全に記述されている命題です。$\sin x$ とか $\log x$ とかその他多くの場合に私達は完全に書きつくして定義することができます。

ところで選択公理で存在を保証された関数 f についてはいろいろな場合にその定義を書き下ろすことが不可能な場合があり，これはナントモ気持ちが悪いものです。「ある，あるとはいわれているが姿も形もみたことがない」
といえばその気持ちの悪い感じは分かるかと思います。したがって懐疑主義者はそれはオバケのようなもので，きっとないのだろうとその f の存在，したがって選択公理を疑うわけです。しかし，存在するということと「作ってみせれる」とか「キチンと定義が書きくだせる」とかいうことは別なことなので，選択公理は正統的な態度では正しい公理として承認されています。

フレンケルの置換公理

さてツェルメロの集合論の所で，ツェルメロの集合論が小さ過ぎるすなわち弱過ぎることを説明しました。実際に $\omega+\omega$ も入っていないような集合論では現代数学にとっては不充分にきまっています。

どのような公理を提出してこれを補ったらよいでしょうか？ フレンケル（A. Fraenkel）は**置換公理**という素晴らしい公理を提出してこの問題を解決しました。この置換公理の考えを説明することにします。

前にのべましたようにカントールの集合論の矛盾は大

第3章　公理的集合論

いま，集合 a があたえられていたとき，a のすべての元 x に対して集合 y が対応していてこの対応が一対一となっていたとします。この対応を A となづけることにします。

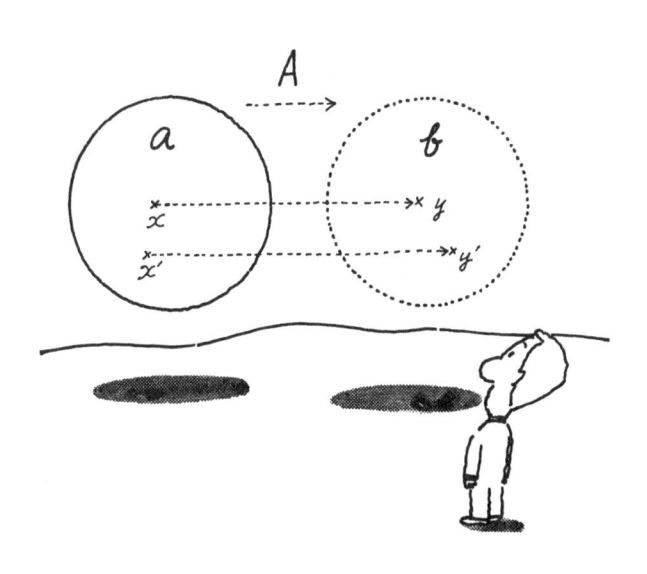

一対一の対応

き過ぎる集合（今の言葉でいえばクラス）を考えることから出てきたわけです。ところでいま集合aがあたえられていたとき，aのすべての元xに対して集合yが対応していてこの対応が一対一となっていたとします。いまこの対応をAとなづけることにします。

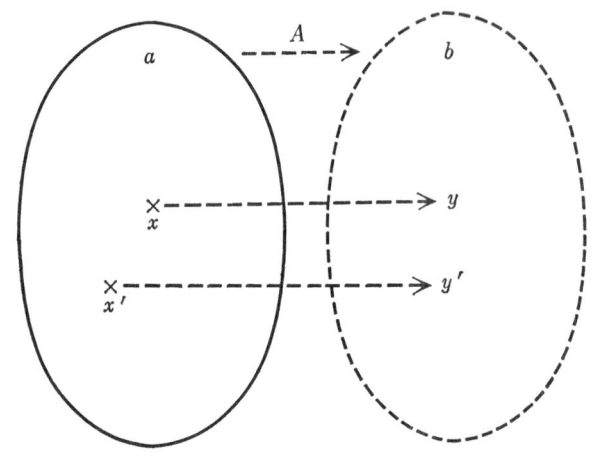

このとき次の集合の集まり（まだクラスか集合か分からないので集まりと呼びます）を考えてみます。

$\{y\,|\,A$によってyはaのある元に対応させられている$\}$

この集まりを仮にbと呼ぶことにしますと問題は「bは集合でしょうか？　クラスでしょうか？」ということになります。ところで，aとbとの間にはAという一対一の対応があるのでaとbとは同じ大きさ（正確にいえば濃度）であるといってよいわけです。ところでaは大き過ぎない集合ですから，bも大き過ぎることはなく，し

第3章 公理的集合論

たがって集合である。この b が集合であることを主張するのがフレンケルの置換公理です。もっとハッキリかけば,

〈置換公理〉 a と b との間に一対一の対応があって, a が集合ならば b もまた集合である

いいかえて次の形でいうこともできます

「A が a の上で定義された一対一の対応であるとき,
 $\{y|A$ によって y は a のある元に対応させられている$\}$
は集合である」

ツェルメロの集合論にフレンケルの置換公理をつけ加えてできる集合論をツェルメロ,フレンケルの集合論といいます。たいていの場合はツェルメロの頭文字Zとフレンケルの頭文字Fをとって **ZF集合論** とよびます。

ZF集合論は,強力な集合論で現代数学をすべてその内部で構成することができます。したがって現代数学とはZF集合論のなかで現在までに証明された定理群であるといってもよいことになります。この説明はちょっと厄介なのでここでは前にツェルメロの集合論では集合として存在のいえなかった $\omega+\omega$ がZF集合論ではどうして集合であることが証明されるかを説明してみます。まず,次の一対一の対応を考えます。

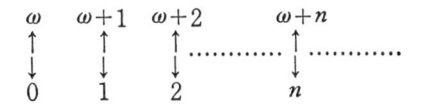

$$
\begin{array}{ccccc}
\omega & \omega+1 & \omega+2 & & \omega+n \\
\updownarrow & \updownarrow & \updownarrow & \cdots\cdots\cdots & \updownarrow & \cdots\cdots \\
0 & 1 & 2 & & n
\end{array}
$$

ここに n は自然数全体を走るものとします。これは明

らかに一対一の対応で，$\omega=\{0, 1, 2, \cdots\cdots\}$ は集合ですから，フレンケルの置換公理によって，

$$\{\omega, \omega+1, \omega+2, \cdots\cdots, \omega+n, \cdots\cdots\}$$

も集合になります。したがって，ツェルメロの公理によって和集合，

$$\bigcup_n \omega+n$$

も集合となります。

ところで，$\omega+n$ は $\omega+n+1$ の元ですし，すべての自然数は ω の元ですから，この集合には $\omega+\omega$ より小さい順序数はすべて含まれています。また，逆にこの集合の元になりうるものは $\omega+\omega$ より小さい順序数であることは明らかですから，

$$\omega+\omega=\bigcup_n \omega+n$$

がいえて，$\omega+\omega$ が集合すなわちＺＦ集合論での順序数になっていることが分かります。

この例からも明らかなように置換公理の直接の結果として順序数の満足な理論が出てきます。たとえば，次の定理が証明されます。

〈整列可能定理〉任意の集合 a に対して，順序数 α と，

$$f: \alpha \longrightarrow a$$

なる α と a との間の一対一の関数 f を見つけることができる。

第3章 公理的集合論

この定理はどんな集合をとってもそれと同じ濃度の順序数αが存在することを意味しますから,いいかえればいくらでも大きな順序数が存在することだと思ってもよいと思います。

実は,この定理はツェルメロによって選択公理の応用として証明されたものですが,ツェルメロの定理は整列集合が用いられているのでよいのですが,私達の場合は整列集合は順序数を基として定義しており,ツェルメロの集合論では順序数の理論は$\omega+\omega$より小さい所しかできなくて不充分なので,この整列可能定理がここまで持ちこされてきたのです。

前に選択公理によって存在が保証されるがその定義が書き下ろせないものがあるといいましたが,上の整列可能定理でaを$P(\omega)$としたときのfがその一つの例になっていて,この性質をみたすfを実際に一意的に定義することはできません。私が大学生のときに数学科の学生の一人が友人の所へ行っては実数を全部,実際に整列してみせてくれと質問してあるいていましたが,これがZF集合論ではできないことが判明しています。

整列定理の応用として,つぎのことが証明されます。a, bを集合とするときつぎのいずれか一つが成立する。

イ) aの濃度とbの濃度とが等しい
ロ) aの濃度はbの濃度より小さい
ハ) aの濃度はbの濃度より大きい

いままで濃度が等しいとか,大きいとか,小さいとかを定義しましたが,この定理によって初めて大小の概念が

普通と同じような意味をもっていることが分かったわけです。

フォンノイマンの正則性の公理

普通ＺＦ集合論というときには，今まで考えてきた公理の外につぎのフォンノイマン（J. von Neumann）によって考えられた公理を入れたものを意味するのが普通です。

正則性の公理：任意の集合 a から出発して，a の元 a_1 をとり，次に a_1 の元 a_2 をとり，つぎに a_2 の元 a_3 をとり……と繰り返してゆけば必ず有限回のうちに空集合に到着してつきてしまう。別の言葉でいえば，

$$a \ni a_1 \ni a_2 \ni a_3 \ni \cdots\cdots$$

となるような無限列 a, a_1, a_2, ……は存在しない。

これを説明するために $a=\{1, 2\}$ という場合をとってみます。このとき a から出発してその元その元をとるすべての可能性を図にかけばつぎのようになります。

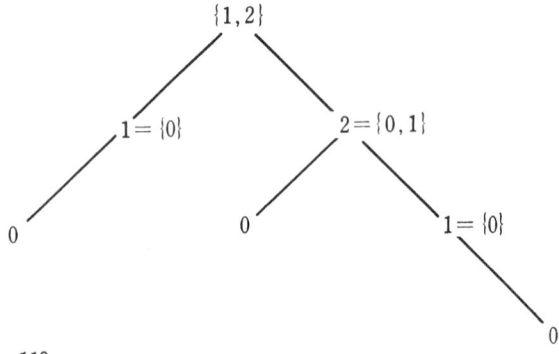

```
              {1,2}
             /     \
        1={0}       2={0,1}
         |         /      \
         0        0       1={0}
                           |
                           0
```

第3章　公理的集合論

無限集合の例として ω の場合をとってみます。ω の場合には最初に無限に多くの技に分かれます。しかし，どんな技も必ず有限回で空集合 0 に到着します。

ω の場合

この図の説明はつぎのようです。{1, 2}からその元をとる可能性は1か2かと二つあるので最初に二通りの枝が出て1と2とになります。1の元は0しかないので1の枝はすぐ0（すなわち空集合）が出てきてそれ以上元をとることができず，尽きてしまいます。2の方の枝はまだ0と1と二つの枝に分かれて，0の方はそれで終わり，1の方はもう1つ0をつけて終わります。いずれにしても{1, 2}から出発し，どんな枝をとっていっても有限回で0（空集合）に到着してストップしてしまうことは明らかです。{1, 2}は有限集合なので明らかともいえ，無限集合の例としてωの場合をとってみます。

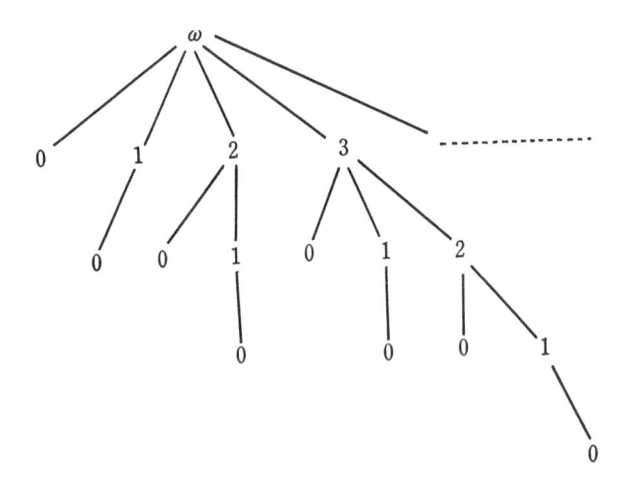

　この図から明らかなようにωの場合には最初に無限に多くの枝に分かれます。そして，右の方の枝にゆくほど下の方へ長く広く広がってゆきます。しかしながら，ど

第3章 公理的集合論

んな枝をとっていっても必ず有限回で空集合 0 に到着することは明らかと思います。

　正則性の公理はまた"基礎の公理"とも呼ばれ，この性質がすべての集合に対して成立することを意味しています。たとえば $\omega+\omega$ に対して前ページのような図を作ればどうなるか？　またどうして正則性の公理がこの場合に成立しているのかチェックしてみて下さい。

　正則性の公理の意味はなんでしょうか？

　この公理の意味はつぎのことです。

　「われわれの集合は空集合 0 から出発してその集合，その集合というふうに 0 から順々に行ったものだけを集合と考えていて，どこか分からない所から突然入りこんだようなものを集合とは考えない」

　公理の意味がこのようなものになることは，一方ではどんな集合から出発してもその元その元をとってゆけば有限回で 0 になってしまうことから，すべての集合が 0 から順々に作られたものであることが分かりますし，他方 0 から順々につくった集合 a については a をつくる過程にしたがって順々に正則性の公理が成立することを証明してゆきます。0 の場合は明らかですから最後の段階だけ考えて，

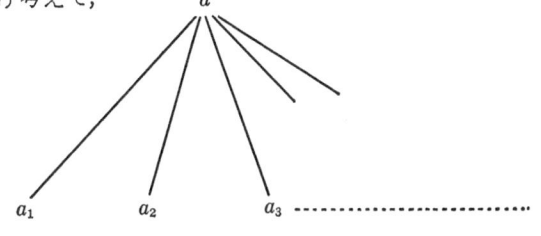

と a の元 $a_1, a_2, a_3 \cdots\cdots$ をとったときにすでに $a_1, a_2, a_3,$ $\cdots\cdots$ に対してはどのようにその元その元をとっていっても有限回で 0 に到達することが分かっているのですから全体としても明らかになります。

　もう一言,正則性の公理について注意しますと,正則性の公理からただちに $a \in a$ となるような集合 a が存在しないことが分かります。これは万一 $a \in a$ となるような a があるとすると,

$$a \ni a \ni a \ni a \ni \cdots\cdots$$

という無限の元の系列ができて矛盾するからです。

　同様にして $b \in a$ で $a \in b$ であるような a, b が存在しないことも分かります。これは万一 $a \in b$ で $b \in a$ とすれば,

$$a \ni b \ni a \ni b \ni a \ni \cdots\cdots$$

という無限の,その元その元ととっていった系列ができるからです。一般に,

$$a_1 \ni a_2, \ a_2 \ni a_3, \ \cdots\cdots, \ a_{n-1} \ni a_n, \ a_n \ni a_1,$$

という有限個の元がその元その元とグルグルと有限回まわってあるいたあげくにもとにもどるというようなことがないことが分かります。

　したがって,正則性の公理からただちに,すべての順序数の集まり,すべての集合の集まり,がいずれもクラスであって集合でないことが分かります。(集合だとすると $a \in a$ となって矛盾するから)

第3章 公理的集合論

つぎにラッセルのパラドックスを考えますと,すべての集合は $x \notin x$ なる性質をみたしますから $\{x|x \notin x\}$ は $\{x|x=x\}$ と同じことになって $\{x|x \notin x\}$ は集合全体の集まりであることが分かり,したがって"集合"ではなくて"クラス"であることが分かります。

公理的集合論

いままでに現在集合論といわれているもの,ZF集合論の公理を全部のべてきました。ここで多少の注意をすることにします。

最初に,いままではその内容を中心にのべてきました。しかし,公理の形としてのべるときには内容を中心にした表現の方法とは異なったのべ方になるのが普通です。ここではその差がはなはだしい場合だけとって説明することにします。

最初に空集合です。空集合の存在を公理にいれるためには代表的な方法が二つあります。

1. 何一つ元を含まない集合が存在する。これを論理記号を用いた形でかけば,

$$\exists x \forall y (y \notin x)$$

で,これをそのままの形でよめば,「ある集合 x でどんな集合 y をとっても y が x の元でないようなものが存在する」ということになります。

2. 初めから空集合を表す記号 O を導入しておいて,O の性質としてつぎの公理を入れておきます。「O はど

初めから空集合を表わす記号 O を導入し，O の性質としてつぎの公理を入れておきます。「O はどんな元も含まない」……。

空集合の存在

第3章　公理的集合論

んな元も含まない」これを論理記号を用いてかけば,

$$\forall x(x \notin O)$$

　この二つの方法は同等です。最初の方法はOという余分な記号を用いないという点で歓迎されることがあります。すなわち,変数と$\in$と論理記号だけですべてを表そうと思えば1の形の方がよいわけです。

　しかし,いくつかの新しい記号を導入してもその記号の意味が明瞭で,それによって公理が簡単で明らかになればそのほうがよいという考え方もあります。その点では2の形のほうがすぐれているわけです。

　実際にはOを用いてかいてあるものからいつでもOをとり除くことができます。たとえば$O \in a$ とかいてあれば,

$$\exists y(\forall x(x \notin y) \wedge y \in a)$$

とかき直せばよいのです。また$a \in O$ とかいてあれば,これは"偽"にきまっていることなので$a \neq a$ とかき直せばよいわけです。このように余分な記号を入れて公理を簡単に表しておいても必要に応じてその記号を取り去ることができるようにしておけば一番便利なわけです。以下には,どうして取り去ればよいかという方法については説明しませんがこのように取り去り得る記号だけを二,三導入して話を進めます。

　たとえば「aとbとの和集合」$a \cup b$と「aとbとだけからできている集合」$\{a, b\}$ とを入れておきますとそれ

についての公理は,

$$c \in a \cup b \iff c \in a \vee c \in b$$

および,

$$c \in \{a, b\} \iff c = a \vee c = b$$

となります。本当の公理は実はこの式をカッコでつつんで前に $\forall a \, \forall b \, \forall c$ をつけたものなのですが,それはこれから省略することにします。

さてつぎは,ω の存在の公理です。この場合も ω という記号を入れてそれについての性質を公理としていれることにします。その公理は三つあって最初の二つは,

イ) $O \in \omega$

ロ) $a \in \omega \Rightarrow a \cup \{a\} \in \omega$

です。$O \in \omega$ については説明の必要がないので ロ)の説明をしますと,まず $\{a\}$ は「a だけからできている集合」ですが,ここでは $\{a, a\}$ の略だと思っても結構です。($\{a\}$ という記号についての公理,

$$b \in \{a\} \iff b = a$$

が $\{a\}$ と一緒に公理群のなかに入っていると思っても構いません)

つぎに $a \cup \{a\}$ は何を意味しているのでしょうか? 実際には私達は a が順序数の場合だけを考えているのです。(ω の元は自然数したがって順序数だけです)a が順序数のとき,たとえば a が 5 のときを考えますと $a \cup$

第3章 公理的集合論

$\{a\}$ は $\{0, 1, 2, 3, 4\} \cup \{5\}$ したがって $\{0, 1, 2, 3, 4, 5\}$ となります。すなわちちょうど5のつぎの順序数6を作っていることになっています。これは a が順序数のときはいつでも正しいのです。すなわち $a \cup \{a\}$ の a の部分は"以前にできていた順序数全体"で $\{a\}$ の部分は"今度新しくできた順序数"でその和集合ですから"今までできたすべての順序数の集合"を表し、つぎの順序数をつくったことになるのです。この意味で $a \cup \{a\}$ は a が順序数のときはしばしば $a+1$ で表されます。すなわち ロ) は,

$n \in \omega \Rightarrow n+1 \in \omega$

を表しているわけです。

ω についての三番目の公理は,

ハ) ω は イ), ロ) をみたす集合のなかで最小のものである。

という形をしています。これを論理記号を用いてかくと少し長くなりますが,

$\forall x (O \in x \land \forall y(y \in x \Rightarrow y \cup \{y\} \in x) \Rightarrow \omega \subseteq x)$

ここで, $\forall x(\quad)$ の内部で $\Rightarrow \omega \subseteq x$ の前にくる所は"x が イ), ロ) の条件をみたす"ことを意味していて, $\omega \subseteq x$ は"ω がそういう x の一部分になっている"ことを示しています。

以上でだんだん、普通文章の形でかいてあるものも論理記号でキチンと表現できるという感じが少しは分かってきたことと思います。

しかし、内容的な表現と公理の形が全く異質でその間

の関係がちょっとワカリニクイものもあります。たとえば，正則性の公理の普通の表現は，

正則性の公理："すべての空でない集合 a に対してその元 b で，

$$a \cap b = 0$$

となるものがある"

という形でのべられます。論理記号を用いれば，

$$\exists b(b \in a \wedge a \cap b = 0)$$

です。（式の最初の $\forall a$ が略してあります）ここに $\cap$ にはつぎの形の公理が入っているものとします。

$$c \in a \cap b \iff c \in a \wedge c \in b$$

さて，この新しい形の正則性の公理と古い形の正則性の公理が同等であることをここに説明します。まず古い形を仮定して新しい形を出すことにします。

a の任意の元 a_1 をとってきます。もし，$a \cap a_1$ が空集合ならばこの a_1 を b とおけばよいわけです。したがって空でないとします。そのとき $a \cap a_1$ の任意の元 a_2 をとってきます。a_2 は a の元でもあり a_1 の元でもあるわけです。$a \cap a_2$ が空ならば a_2 を b とおけばよいわけです。$a \cap a_2$ が空でなければ $a \cap a_2$ の元を一つとってこれを a_3 とします……とつづけていけば

$$a \ni a_1 \ni a_2 \ni a_3 \ni \cdots\cdots$$

第3章　公理的集合論

新しい形の正則性の公理と古い形の正則性の公理が同等であることを説明しましょう。

$a_1 \ni a_2 \ni a_3 \ni \cdots\cdots$ を中断せよ

となりますからどこかでこの操作が中断しなければならないわけです。そのなかで操作が中断する所をa_nとすれば$a_n \in a \cap a_{n-1}$ したがって$a_n \in a$ であって$a \cap a_n = 0$ですから，a_nをbとおけば新しい形の正則性の公理が得られます。

つぎに新しい形を仮定して，古い形の正則性の公理を証明しますと万一，

$$a_1 \ni a_2 \ni a_3 \ni \cdots\cdots$$

という無限列があったとして，

$$a = \{a_1, \ a_2, \ a_3, \ \cdots\cdots\}$$

と定義しますと，新しい形の正則性の公理からaの元bで$a \cap b = 0$となるものが存在するわけです。bは$a_1, a_2,$ ……のなかにあるわけですから$b = a_n$としますと，a_{n+1}はaとbの双方に含まれて，$a \cap b = 0$ という仮定に反します。

最後に置換公理についてのべます。この公理をキチンと表そうとするとほかのところは構わないのですが，"一対一の対応"というところをどう表現しようか？の問題です。すなわちいま集合aがあたえられ，aの任意の元xに対してある集合の元yを対応させる対応のさせ方がきまっていると仮定するのですが，この対応をなんで表したらよいか？という問題です。以前には対応Aと書いたのですが，この対応は"xとyとの間の関係"ですから，ここでは$\varphi(x, y)$と表すことにします。一対一

第3章 公理的集合論

という条件は,

"すべての a の元 x に対して $\varphi(x, y)$ をみたす y がただ一通りに定まる"

ということなので論理記号を用いても,

$$\forall x(x \in a \Rightarrow \exists y \varphi(x, y))$$
$$\land \forall x \forall y \forall z(\varphi(x, y) \land \varphi(x, z) \Rightarrow y = z)$$

と表現することができます。したがって, φ 自身をどんなものと考えればよいか？ という問題になってきます。

公理的集合論では $\varphi(x, y)$ は "変数と $\in$ と論理記号とで表せる意味のある式" と考えます。ここで意味のある式というのは $xy \in \in$ というようにデタラメを書かれては困るということなのですが, どんなときに意味があってどんなときに意味がないか？ はキチンと表して, その判定方法をのべることもできます。しかし, これは集合論というよりは数理論理学あるいは数学基礎論に属する問題なのでその方面の書物をよむことをおすすめします。

ただひとこと注意すべきなのは, 置換公理はこの意味のある式各々の場合に対して一つ一つのべてゆくということです。φ のなかに入っている論理記号の個数に対する制限はありませんから, 意味のある式 φ は無限にあります。したがって, 置換公理は実は無限に多くの公理の一般的な形をキチンとのべているという形で表現されます。

ＢＧ集合論

ＺＦ集合論はすべてが集合だけで，クラスは裏にかくれて出てきませんでした。すなわち，変数xはとりもなおさず"集合x"で，集合以外は何も考えないという建て前になっていました。したがって，$\{x|\varphi(x)\}$ という表現は"クラスであるかも知れない"物騒なものなので一般には用いず，$\{,\}$とか$\cup$とかの安全なものだけが用いられました。これはある意味では不便で，もっと自由に，たとえば$\{x|\varphi(x)\}$を用いてこれは集合である，これはクラスであるというような表現をしたほうがもともとの私達の集合論に近いという考え方もあるわけです。

このような考えにしたがって，整然とした公理体系がベルナイス（P. Bernays）によって提出されました。

ベルナイスの公理系には，集合を表す変数，

$a, b, c, \cdots\cdots, x, y, z$

の外にクラスを表す変数，

$A, B, C, \cdots\cdots, X, Y, Z$

が用いられます。

ところで，このベルナイスのクラスは私達の以前に用いたクラスとはちょっとばかり異なるのでそれについてのべますと，私達の古い言い方での集合とクラスとを合わせたものをベルナイスは単にクラスとよび，私達が集合とよんだものはやはり集合。私達がクラスとよんだものはベルナイスは"本来のクラス"とよんでいます。す

第3章 公理的集合論

なわち，つぎのようになります。

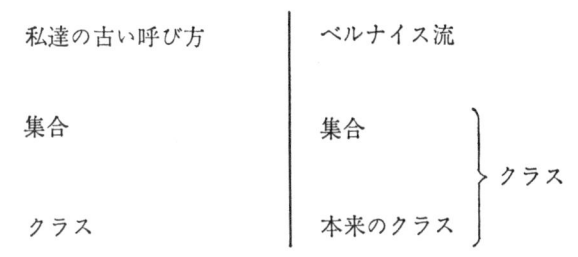

私達の古い呼び方	ベルナイス流
集合	集合 ⎫
	⎬ クラス
クラス	本来のクラス ⎭

したがって，今後はベルナイス流にクラスを用いることにします。このベルナイス流のクラスを用いると一つ便利なのは，置換公理を表すとき，"一対一の対応 A" といったときの A はクラスだと思えばそのまま置換公理が表現できる点です。したがって，ベルナイスの公理系では置換公理はただ一つの公理となり全体の公理系での公理の数は有限個で書き表されます。（クラスなしの集合だけの変数すなわちＺＦ流の表現では絶対に有限個の公理では表現できないことが証明されています）

ベルナイスの集合論では $\{x|\varphi(x)\}$ という記号は用いないのですが，もちろんクラスを入れれば $\{x|\varphi(x)\}$ という表現を正式に公理体系の内部の表現としてとり入れることができます。この場合は，

$$a \in \{x|\varphi(x)\} \iff \varphi(a)$$

を昔と同じように採用して，（a は集合だけしか表さないのでこのままで構いません。ただし，$\{x|\varphi(x)\}$ は集合でない本来のクラスになるかも知れません）たいていの公理はどんな場合に $\{x|\varphi(x)\}$ が集合になるかをの

ＺＦ集合論とＢＧ集合論は表現の形式が異なるだけで全く同じ集合論です。

表現の違い

第3章　公理的集合論

べることによって表現されます。たとえば，$\{a, b\}$ が再び集合になることは，

$$\{x | x=a \lor x=b\} \text{ は集合である}$$

という形で表現されます。これは普通数学で実行している形と近くて便利なのですが，あまり正統な教科書には出てこないようです。

さて，ベルナイスの集合論はしばしばＢＧ集合論とよばれます。Ｂはベルナイスの頭文字でＧはゲーデル (K. Gödel) の頭文字です。ＢＧ集合論はベルナイスが提出したものなのですが，ゲーデルが用いてから一躍有名になったのでＢＧ集合論とよばれるわけです。

ＺＦ集合論とＢＧ集合論は表現の形式が異なるだけで全く同じ集合論です。一方の形で証明されたものを他方に公理系から証明するにはどうしたらよいか？　という翻訳の方法もハッキリのべることができます。

現在単に集合論といったときにはこのＺＦ集合論ないしはＢＧ集合論を意味します。現代数学はこの集合論のなかに深く安住していて，現代数学での定理とはとりもなおさずこの公理的集合論での定理を意味することになっています。

第4章
現代集合論──華麗なる展開

　この章では現代集合論のいろいろな面を解説することにします。しかし，そのための準備も必要なので，この章のなかでのべることが歴史的にすべて新しいというわけではありません。そのなかには公理的集合論より歴史的に古いものさえあります。また，現代的な話題のアイデアだけを伝えるためのもので，技術的な内容まではたち入りません。

連続体仮説

　aをその濃度がωの濃度より大きい集合とするとき，つぎのいずれかが成立するという命題を連続体仮説といいます。

第4章 現代集合論

1．a の濃度は $P(\omega)$ の濃度に等しい。

2．a の濃度は $P(\omega)$ の濃度より大きい。

$P(\omega)$ の濃度は ω の濃度より大きいことは分かっていますから，これは $P(\omega)$ の濃度が ω の濃度より大きいもののなかで最小であることを意味しています。$P(\omega)$ の濃度は実数連続体の濃度に等しいので連続体仮説とよばれるのです。

これを一般的にしたつぎの仮説があります。

一般連続体仮説：a を無限集合で b の濃度は a の濃度より大きいとするときつぎの二つのうちの一つが成立する。

1．b の濃度は $P(a)$ の濃度に等しい。

2．b の濃度は $P(a)$ の濃度より大きい。

連続体仮説はカントールが提出したものです。カントールは晩年をこの仮説を証明するために費やしたのですが解けず，現在までこの仮説が正しいかどうかは決定されないままになっています。連続体仮説および一般連続体仮説にはつぎのような性格があります。

1．連続体仮説および一般連続体仮説を仮定すると濃度の計算が著しく簡単になる。

2．数学の問題で連続体仮説ないしは一般連続体仮説を仮定すると解決されるがそうでないと解決されないものがたくさんある。

3．数論の多くの問題は一般連続体仮説を用いて証明すれば充分である。もう少し詳しくいえば，一般連続体仮説を用いた数論の定理の証明からどうやって一般連続

体仮説をとり去るかという一般的な処方があたえられている。

最後のものはゲーデルの **構成的集合** についての結果の系となっています。つぎにゲーデルの構成的集合についてのべることにします。

ゲーデルの構成的集合

ゲーデルの構成的集合についてのべる前に、第二章で省略したラッセルの論理主義が関連したアイデアなので、それについてのべることにします。

いま領域Dを自然数全体の集合として、自然数を表す変数を$a, b, c, \ldots, x, y, z$とし、自然数の集合を表す変数を、$A, B, C, \ldots, X, Y, Z$とします。

ラッセルは、自然数の集合 $\{x|\varphi(x)\}$ を定義するとき $\varphi(x)$ のなかに $\forall X$ や $\exists Y$ を用いることはおかしいと主張します。彼の言い分はつぎのようなものです。

1. $\{x|\varphi(x)\}$ が定義されるためには $\varphi(x)$ の意味がハッキリ定義されていなければならない。このためには $\varphi(x)$ を構成する概念の意味がハッキリしていなければならない。

2. したがって、もし $\varphi(x)$ が $\forall X$ や $\exists Y$ を含んでいれば $\forall X$ や $\exists Y$ の意味がハッキリしていなければならない。

3. ところで、$\forall X$ や $\exists Y$ の意味がハッキリ定義されるためにはすべての自然数の集合が分かっていなければならない。

第4章 現代集合論

4．ところで，すべての自然数の集合のなかには今定義しようとする $\{x|\varphi(x)\}$ も入っているにちがいない。

5．すなわち，私達は今定義しようとする集合 $\{x|\varphi(x)\}$ について分かっていることを仮定して $\{x|\varphi(x)\}$ を定義しているのである。

6．これは論理的に厳密な態度ではなくて，悪循環 (vicious circle) である。

すなわち，ラッセルは集合というものを今までにハッキリ分かっているものから $\{x|\varphi(x)\}$ の形で定義されるものだけに限定しようというものです。さて，それではラッセル流に定義される自然数の集合はどんなものなのでしょうか？　ここで少しばかりやってみましょう。

1．論理記号 $\forall$, $\exists$, $\daleth$, $\wedge$, $\vee$ と自然数の変数それに自然数についての $=$, $<$, $+$ だけでできた x についての命題 $\varphi(x)$ をとってきて $\{x|\varphi(x)\}$ の形でできる集合を考える。ここで自然数の変数 y をとって $\forall y$ や $\exists y$ を考えることは自然数全体がすでにキチンと定義されているのだから許される。

2．さて，1．で定義された集合全体の集まりを F_1 とする。F_1 は，もうハッキリと定義されているのだから F_1 に属する集合を表す変数 A^1, B^1, C^1, ……, X^1, Y^1, Z^1 を導入して $\forall X^1$ や $\exists Y^1$ を考えることは定義がハッキリあたえられているといってよい。したがって，$\{x|\varphi(x)\}$ の形の集合で，ここで $\varphi(x)$ は1．であたえられた概念 A^1, B^1, ……, X^1, Y^1, Z^1 および $\in$ でできた x についての命題であるとする。ただし，$\in$ は $a \in A^1$ の形でだけ用い

139

ラッセルは集合というものを今までにハッキリわかっているものから $\{x|\varphi(x)\}$ の形で定義されるものだけに限定しようというのです。

ラッセル流の定義

第4章　現代集合論

られる。(したがって $a \in b$ や $A' \in B'$ は無意味で用いられない)

3．さて，2．で定義された集合全体の集まりを F_2 とする。F_2 はもうハッキリと定義されているのだから F_2 に属する集合を表す変数 $A^2, B^2, \ldots\ldots, Y^2, Z^2$ を導入して $\forall X^2$ や $\exists X^2$ を考えることは定義がハッキリあたえられているといってよい，……

以下この操作を繰り返して行ってでき上がる集合だけを考えようというのがラッセルの考えです。この考えは筋の通ったものですが，残念なことにはこの考えでは普通の解析学を展開することができません。その点でラッセルの計画は失敗したといってよいでしょう。

さて，ゲーデルのアイデアはラッセルの計画に非常に似たものです。すなわち中心となる考えは，

"今までハッキリ定義されたものを表す変数を導入してそれと今までにすでに定義された概念だけを用いて $\{x | \varphi(x)\}$ の形で表される集合だけを考えて行こう"

ということです。ただし，ラッセルとゲーデルの差はラッセルは何もない所からこの考えだけでつくれる集合だけを数学を基礎づけるために考えたのに比して，ゲーデルはＺＦ集合論を仮定して，したがって集合の存在自身は仮定して，その内部にその一部分としてできるものを考えたという点で根本的な差があります。

ゲーデルの場合は集合論ですから再び $a, b, c, \ldots\ldots,$ x, y, z は集合を表す変数で私達の考える命題は変数と $\in$ と＝と論理記号とだけからできているものとします。

この状況においてゲーデルの考えをのべるためにその中心をなす操作を定義します。

今まで定義された集合全体の集合を d とします。いま d に属する集合を表す変数を導入して $a_0, b_0, \ldots\ldots, y_0, z_0$ とします。このとき $\forall x_0 \varphi(x_0)$ とか $\exists y_0 \varphi(y_0)$ とかは一体何を表しているのでしょうか？ キチンと考えてみれば明らかなことですが，$\forall x_0 \varphi(x_0)$ は"すべての d に属する集合 x について $\varphi(x)$ が成立している"という意味であり，$\exists y_0 \varphi(y_0)$ は"ある d に属する集合 y で $\varphi(y)$ をみたすものが存在する"という意味です。ですから，一般の集合を表す変数 x，y を用いた命題 $\forall x(x \in d \Rightarrow \varphi(x))$ は $\forall x_0 \varphi(x_0)$ と同じ意味で，$\exists x(x \in d \land \varphi(x))$ は $\exists x_0 \varphi(x_0)$ と同じ意味になります。すなわちいちいち d に属する集合を表す変数を導入しなくても今までの一般の変数と d とを用いて表現することができます。今までの $\forall x(x \in d \Rightarrow \varphi(x))$ を $\forall x \in d \varphi(x)$ と省略して $\exists x(x \in d \land \varphi(x))$ を $\exists x \in d \varphi(x)$ で省略することにします。そうするとラッセル流の d の上でキチンと定義される集合というものは，$\{x \in d \mid \varphi(x)\}$ （これは $\{x \mid x \in d \land \varphi(x)\}$ の省略です）の形でここに $\varphi(x)$ は変数，d に属する集合，$\in$, $\land$, $\lor$, $\not$ および $\forall y \in d$, $\exists z \in d$ からできている x についての命題を表すものとする，となります。ここではこのように定義される集合を単に "d の上に定義される集合" と呼ぶことにします。

ゲーデルは順序数を作る段階に平行してつぎのように集合を構成してゆき，そしてできたものを構成的集合と

第4章 現代集合論

よびます。

1. 順序数 0 の段階では 0 だけをつくる。したがって，0 は構成的集合である。

2. 順序数 α の段階ではすなわち今までつくった順序数全体の集合 α をつくる段階では，今までつくった構成的集合全体の集合を d として，d の上で定義される集合をすべて（なかにはすでに定義された場合もありうる）この段階に定義された構成的集合と定義する。

3. 以上の操作をすべての順序数 α について行う。

ゲーデルの構成的集合は順序数の構成を頭から認めて積極的に用いているという点を除いてはその都度ラッセル流にキチンと定義される集合だけをとり入れて考えているという点で実際に構成的集合という名前にフサワシイものです。これに比べて $P(a)$ の操作はすべての a の部分集合をつくるという超越的な神の境地でしか構成することができないもので，したがって人間の立場では構成的とはいえないものといってよいと思います。

さて，構成的集合全体のクラスを L で表すことにします。ここで主な L の性質をのべることにします。

1. $L = \{x | \varphi(x)\}$ となる $\varphi(x)$ を論理記号，変数，$\in$ だけでキチンと定義することができます。すなわち "a が構成的集合である" という概念は $\varphi(a)$ としてZF集合論のなかでキチンと取り扱える概念です。

2. すべての順序数は構成的集合です。もっとハッキリいって "すべての順序数は構成的集合である" がZF集合論で証明できます。特別な場合として 0 と ω とは構

成的集合です。この性質は構成的集合の定義が順序数 α の構成を仮定して行っているので当然すぎることともいえます。

3. a, b が構成的集合のとき $\{a, b\}$, $a \cup b$ も構成的集合になります。もっとハッキリいってこれらの命題がＺＦ集合論で証明されます。

4. a が構成的集合で $b \in a$ とすれば，b が構成的集合になります。これもＺＦ集合論で証明されます。以下，ＺＦ集合論で証明されることを抜きにします。(これは構成的集合が下から順々につくって行くので明らかです)

5. a が構成的集合で，a の元を a_α で表すことにします。4.によってすべての a_α も構成的集合になっています。このとき $\bigcup_{a_\alpha \in a} a_\alpha$ も構成的集合になっています。

6. 構成的集合の全体 L はＺＦ集合論の公理をみたす。これは説明する必要があると思います。いま積集合存在をとって考えます。これはつぎのような形になっています。

$$\exists x \forall y (y \in x \iff y \subseteq a)$$

（式の初めの $\forall a$ が省略されています）

この公理が L で成立するということは，どんな構成的集合 a をとっても，

$$\exists x \in L \forall y \in L (y \in x \iff y \subseteq a)$$

が成立するということです。

形式的にはかんたんで，$\exists x$ を $\exists x \in L$ にかえ，$\forall y$

第4章 現代集合論

$P(a)$の操作はすべての a の部分集合をつくるという超越的な神の境地でしか構成することができない。

神ならばこそ

を $\forall y \in L$ にかえればよいのです。もっと詳しくいえば "すべての集合" という所を "すべての構成的集合" と読みかえ "ある集合が存在して" という所を "ある構成的集合が存在して" と読みかえればよいのです。ある公理が L で成立しているというのは、こう読みかえたものが成立しているということなのです。さて、一般論から先ほどの積集合に戻って考えますと、

$$\forall y \in L (y \in x \iff y \subseteq a)$$

という所の意味を吟味することが肝心です。このことは $x = P(a)$ ということを決して意味していません。なぜならば、a の部分集合 b で構成的でない集合があった場合には $b \in L$ は成立しませんからたとえ上の式が成立しているとしても、$b \in x$ が成立しているとは限らないからです。一般に a が構成的集合であっても a の部分集合は構成的とは限りません。したがって、積集合存在の公理が L で成立するということは "$a \in L \Rightarrow P(a) \in L$" ということを意味するのではなくて、

$$a \in L \Rightarrow (L での a の積集合) \in L$$

を意味するだけなのです。ここで (L での a の積集合) はつぎの集合として定義されます。

$$\{x \mid x \in L \land x \subseteq a\}$$

この集合は $\{x \in L \mid x \subseteq a\}$ と書いても構いません。

　ここでのべたことは分出公理や置換公理についても大

第4章 現代集合論

切です。すなわち，Lの上で成立するというときにはそこで考えるすべての $\forall x$ や $\exists y$ をのこらず $\forall x \in L$ や $\exists y \in L$ にかえてしまうのです。一般に命題 φ にこの変形をしますと，ある場合にはこうすることによって意味がウント弱くなるときもあります。

逆に意味がウント強くなることもあります。今後 φ にこの変形をしてできたものを φ^L と書くことにします。

7．一般連続体仮説はLの上で成立します。別な言葉で表現すれば，一般連続体仮説を変数と$\in$と論理記号で表したものをφ_0としますと$\varphi_0{}^L$ が成立します。

8．このことはＺＦ集合論が無矛盾ならば〈ＺＦ集合論〉＋〈一般連続体仮説〉が無矛盾であることを意味しています。なぜならば〈ＺＦ集合論〉＋〈一般連続体仮説〉から矛盾が生ずるとすればその証明をすべてLの上に翻訳する（すなわちすべての命題 φ を φ^L に読みかえる）ことによってＺＦ集合論の矛盾に書き直せます。

9．まず，第3章でランクを定義したとき定義したRを思い出して下さい。いまこのRを用いた$R(\omega)$を使います。$\forall x \in R(\omega)$, $\exists y \in R(\omega)$, $\land$, $\lor$, $\rceil$, $\in$ および変数でできている命題を算術的命題ということにします。φ を任意の算術的命題とするとき，

$$\varphi \Longleftrightarrow \varphi^L$$

はＺＦ集合論で証明されます。

いま，算術的命題 φ が〈ＺＦ集合論〉＋〈一般連続体仮説〉から証明されたとします。このとき φ^L はLで〈ＺＦ

集合論〉+〈一般連続体仮説〉が証明されますからＺＦ集合論で（一般連続体仮説を用いないで）証明されます。ところで，$\varphi \Longleftrightarrow \varphi^L$ですから$\varphi$自身がＺＦ集合論で一般連続体仮説を用いないで証明されます。また，多くの数論の命題は算術的ですので，多くの数論の命題を証明するためには一般連続体仮説を用いても一般性を失いません。

10. いままで通り集合全体のクラスをVで表すことにします。いま，

$$V = L$$

という命題を考えます。これはいいなおせば"すべての集合は構成的集合である"ということです。いま，この命題をφとしますとφはLの上で成立します。いいかえますと φ^L がＺＦ集合論で証明されます。

11. ＺＦ集合論に$V=L$を付け加えますと，それから一般連続体仮説が証明されます。7．でのべたLの上で一般連続体仮説が成立するということは，実はこの結果と 10. とから出てきます。ゲーデルもそういうふうに 7. を証明しています。

さて，Lについての主な性質をここにのべたのでもう少しLの内容的な意味について考えてみたいと思います。

いま，Mをあるクラスでつぎの条件を満足しているものとします。

$$a \in M, \ b \in a \ \Rightarrow \ b \in M$$

第4章 現代集合論

（式の最初の $\forall a \forall b$ が省略されています。すなわち，すべての a と b に対してこの条件がみたされているものとします）

この条件を別な言葉で表現すれば M の元 a がどんな集合であるかはどんな M の元 b が a の元であるかを調べればよいということになります。（もう一度いいなおせば，M がそれ自身で"閉じた集合"の世界になっているといってもよいかと思います）

さてこのクラス M がＺＦ集合論のモデルであるということを，

"どんなＺＦ集合論の公理 φ をとっても φ^M が成立する"

ということと定義します。クダイていえば M の上でＺＦ集合論が成立していることです。

このときつぎの定理が成立します。

"上のようなＺＦ集合論のモデル M がもしすべての順序数を元として含めば，

$$L \subseteq M$$

が成立する"

別な言葉でいえば，L は上の意味でＺＦ集合論のモデルになっていて，またすべての順序数を含むので，L はこの性質をみたすモデルのなかで最小のものになっていることを表しています。すなわち，

"L はすべての順序数を含むＺＦ集合論のモデルのなかで最小のものである"

この定理の証明をキチンとすることは簡単というわけ

M の元 a がどんな集合であるかはどんな M の元 b が a の元であるかを調べればよいということになります。M それ自身で"閉じた集合"の世界といえます。

M の上で ZF 集合論は成立する

にゆきませんが，その内容はつぎの意味で明瞭といってよいかも知れません。

L の構成はその都度どうしてもなくてはならないものだけを付け加えていっているのだから L が最小なことは当然である。

ところで，L はすべての順序数を含んでいるのですから，前にいったように集合全体を V の形にかいて順序数の所を高さの方にしますと，右の図のように順序数と L と V とは高さ（または長さ）が一緒で，その代わり順序数は線のように一列にならんでいて，L は幅が狭く V は幅が広いという形になっています。

この"L は幅が狭い"という感じはもし $V \neq L$ すなわち L が実際に V より小さいときには，

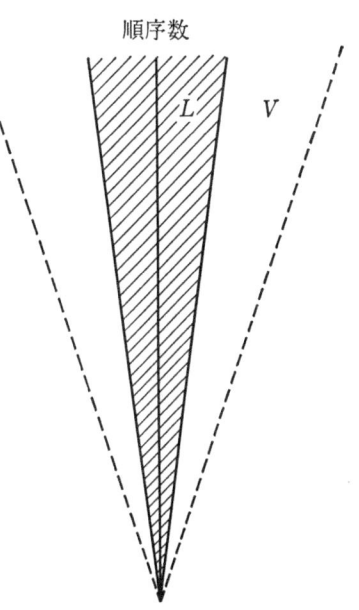

$$a \in L \wedge b \subseteq a \wedge b \notin L$$

という a と b が存在するといえることを端的に表しています。すなわち，L の元 a の部分集合で L に属さないも

のがあり得るのです。一番極端な場合は，ω の部分集合 a で L の元にならないものがあると思ってもＺＦ集合論と矛盾しないことが知られています。

さて，$V=L$ と $V\neq L$ とどちらが本当の集合論では正しい命題なのでしょうか？　これは難しい問題です。このことについての議論はつぎの章ですることにします。

さて，もう一つだけこのことがらについて付け加えます。私達はＺＦ集合論のなかで構成的集合をつくり議論を進めてきました。しかし，この構成的集合をつくる過程やその性質の証明には選択公理は実は何一つ用いられていないのです。したがって，すべての議論を〈ＺＦ集合論〉－〈選択公理〉のなかで行うことができます。（－（マイナス）の意味はここで説明しなくても分かると思います。ＺＦ集合論から選択公理をとり去ってできる公理体系という意味です）ところで選択公理を仮定しなくても結果は全部成立し，その上に L が選択公理をみたすことが証明できます。したがって，つぎのような結果が得られます。

1．〈ＺＦ集合論〉－〈選択公理〉が無矛盾ならば，〈ＺＦ集合論〉＋〈一般連続体仮説〉が無矛盾である。

2．算術的命題が〈ＺＦ集合論〉＋〈一般連続体仮説〉から証明できれば，その命題は〈ＺＦ集合論〉－〈選択公理〉から証明できます。

以上のゲーデルの仕事は選択公理と一般連続体仮説のその他の集合論の公理への無矛盾性という画期的な結果をあげただけではなく，それ以後のいろいろの仕事の御

第4章 現代集合論

手本になって事実上現代集合論の出発点になっているといってよいと思います。

コーエンの仕事

ここではコーエン (Paul. J. Cohen) によって始められた考えについてのべることにします。

数学の論理の世界、したがって集合論の世界はイエスかノーかの厳しい世界です。なんのアイマイさも許されません。一方、人間の世界はどうでしょうか？ ああかもしれないし、こうかもしれないとか、こうだともいえるし、ああだともいえるといったアイマイなボンヤリしたことが多いわけです。さて、全知全能の神がいてすべてがイエスかノーかにわかれてしまう身動きのできない世界ではなくて、人間独特のボヤけた集合の世界というものが考えられるでしょうか？ 案外このほうがこの世の有様を正確に表しているかも知れません。たとえば、量子論ではつぎのようにいわれます。

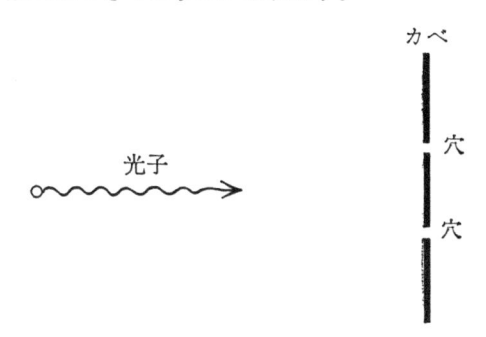

いま、光子が進んで行くとします。前方にはカベがあ

ってそこに穴が二つあいているとします。光子がどちらの穴を通って行くかということは分からずただその確率しかいえない。

「この世の本当の論理は確率の計算にある」

———マックスウェル

コーエンの考えはこのようなボヤケタ集合概念の集合論をつくろうというものです。大切なのは今までのイエスとノーしかない集合論のなかに数学的存在としてキチンと構成しようというのです。決してデタラメを考えようというのではなく，また哲学的に考えようというのでもありません。

さて，部分的にaを元とし，また部分的にbを元としているような集合を考えるにはどうしたらよいでしょうか？　一番簡単な方法はつぎのようなものです。

まず空間Xをとって考えます。ここで"空間"といって集合といわなかったのは，空間というのは単なる集合ではなくてそこにいろいろな構造が入っていたりまたはその構成要素にいろいろな操作が定義されていたりするときに用いるのです。ここでは特定の構造や操作の定義をあたえるわけではないのですが，集合といってもあまり以下で考える場合に固定してキマリキッテ考えないほうがよいので漠然と"空間"とよんだのです。

いま相異なる三点a，b，cを考えます。今までの古典的像ではa，b，cは本当に三つの点とします。

さて，新しい見方ではこれは，次図のようにXと同じ形をした三つの空間であるとします。

第4章　現代集合論

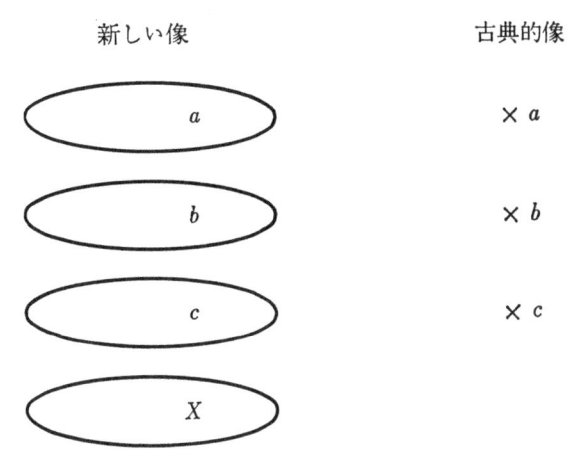

　　　新しい像　　　　　　　　　　古典的像

　　　　　　a　　　　　　　　　　× a

　　　　　　b　　　　　　　　　　× b

　　　　　　c　　　　　　　　　　× c

　　　　　　X

　このとき部分的にaを元としまた，部分的にbを元とするような集合は，たとえばつぎのように考えます。Xの二つの部分AとBとをとって，aをAの分だけbをBの分だけとった図の斜線の所のものだと考えます。

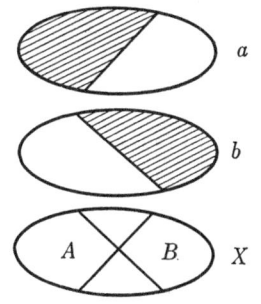

　いまこうしてできた集合をuとします。このとき，"uはAの分だけaを元としている"といいそれをつぎの記号で表します。

$$[a \in u] = A$$

全知全能の神がいて，すべてがイエスかノーかにわかれてしまう身動きのできない世界でなくて，人間独特のボヤけた集合の世界というものが考えられるでしょうか？たとえば量子論では……。

ボヤケた集合概念とは？

第4章　現代集合論

同様にして，uはBの分だけbを元としているといい，つぎのように表します。

$$[b \in u] = B$$

いまXの"空な部分"というものを考えてこれをやはり0で表すことにします。（今までの0と混同するようでしたら**0**というふうに別な記号を用いて区別してもよいのですが，あまりゴテゴテするのでここでは同じ記号を用います）このとき上のuはcを一つも含んでいないので $[c \in u] = 0$ というふうに表すことにしてこのとき"$c \in u$は偽である"ということにします。

上のuについて"uが何か元を含んでいる"論理記号を用いてかけば"$\exists x(x \in u)$"というのがXのどの部分だけ成立しているか（あるいは $\exists x(x \in u)$ が正しい確率は何か）を考えることにします。まずこれを記号で，

$$[\exists x(x \in u)]$$

で表すことにします。いま，uはaとb以外には何も含んでいないのでこれは，

$$[a \in u \vee b \in u]$$

と同じことになります。私達はこの可能性がちょうど，

$$[a \in u] \vee [b \in u]$$

したがって，$A \vee B$に等しいと考えます。ここに$A \vee B$はXが集合のときは$A \cup B$と考えればよいのですが，X

が空間のときはXの部分に∨という都合のよい演算が都合よく定義されていると仮定するのです。

いま同様にして"$a\in u \wedge b\in u$"の可能性がXのどの部分によって表されるかを考えてみます。私達はこれがちょうど,

　　$[a\in u]\wedge[b\in u]$

したがって, $A\wedge B$によって表されていると考えます。前と同様に, Xが集合のときは$A\wedge B$は$A\cap B$だと思えばよいのですがXが一般の空間の場合にはXの部分には∧という都合よい演算が都合よく定義されているものとします。

いま, この特別な場合としてA, BがXの分割になっているつぎの図の状態を考えます。

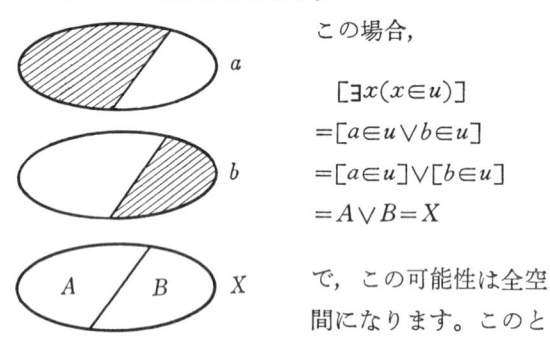

この場合,

　$[\exists x(x\in u)]$
$=[a\in u \vee b\in u]$
$=[a\in u]\vee[b\in u]$
$=A\vee B=X$

で, この可能性は全空間になります。このとき私達は, $\exists x(x\in u)$が成立する, または真であるということにします。また,

　　$[a\in u\wedge b\in u]=[a\in u]\wedge[b\in u]$

第4章 現代集合論

$$= A \wedge B$$
$$= 0$$

となって，$[a \in u \wedge b \in u]$ の可能性は空，すなわちぜんぜんなくて，$a \in u \wedge b \in u$ は偽であることが分かります。

さらに，u がちょうど唯一の元をもっている可能性が全空間すなわち"u はちょうどただ一個の元をもっている"が真である，または"u はちょうどただ一個の元をもっている"が成立しますが，これはここでは省略しますが一体どういうカラクリでこれが成立するか考えてみて下さい。

さてここでは，これ以上に深入りしませんが，空間 X の部分に少なくとも $\wedge$ や $\vee$ などの都合のよい操作が都合よく定義されていなければならないことが分かることと思います。(もちろん X が集合で $\wedge$ や $\vee$ を共通部分 や 和集合だと思ってしまって構いません)

以下に X の部分にはこのような演算が都合よく定義されているものとします。(きちんとした性質をのべてもよいのですが，あまり大切とも思わないので省略することにします)

この拡張された集合概念は空間 X によるわけですから，ここでは "(X)集合" とよぶことにします。

よって，私達の古典的集合概念の集合全体のクラス V は空集合から始めてその集合，その集合の集合と順序数の構成のすべての段階にしたがってそれまでにできた集合の集合をつくってゆくことによって得られたわけで

す。ここでコーエンがやったことはこの集合を(X)集合に拡張しただけのものでつぎのように行われます。

空集合から始めてその(X)集合，その(X)集合の(X)集合と順序数の構成のすべての段階にしたがってそれまでにできた(X)集合の(X)集合をつくってゆく，こうしてできた(X)集合全体の世界を $V^{(X)}$ （すなわち(X)集合全体のクラスという意味でVを用いてその肩に(X)を書いた）と表すことにします。コーエンの証明したことはつぎのことです。

1．$V^{(X)}$ は常にＺＦ集合論をみたしている。すなわちＺＦ集合論の任意の公理φをとってくると$[\varphi]=X$，すなわちφの可能性は全空間いいかえればφが成立している。

2．それだけではなくてＺＦ集合論で証明されるすべての命題φに対してφは $V^{(X)}$ で成立している。すなわち，$[\varphi]=X$ となっている。

3．Xを上手にとることによっていろいろの命題のＺＦ集合論からの独立性ないしは無矛盾性が証明できる。（以下ＺＦ集合論の無矛盾性が成立しているものと仮定します。）

イ）たとえば上手にXをとることによって，［連続体仮説］$= 0$ とすることができる。これはとりもなおさず，

　　　［連続体仮説の否定］$=X$

ということなので，連続体仮説が２．によってＺＦ集合論から証明できない証明になっている。

第4章 現代集合論

空間Xによる拡張された集合概念を，ここでは"(X)集合"とよぶことにします。空集合から始めたこの(X)集合のそのまた集合……こうしてできた(X)集合全体の世界を$V^{(X)}$と表します。

拡張された集合概念

ロ) つぎのことが成立するように上手にXをとることができる。

　　$[V \neq L] = X$ で,
　　$[$一般連続体仮説$] = X$である

これはＺＦ集合論と一般連続体仮説からは, $V=L$が証明できないことの証明になっています。

さらにコーエンは上の方法を拡張してつぎのことも証明しています。

ハ) 〈ＺＦ集合論〉-〈選択公理〉からは選択公理は証明できない。

コーエンがこの方法を見いだしたのは1963年のことで一大センセーションをまき起こしました。その後, この方法で数知れない多くの命題のＺＦ集合論からの独立性または無矛盾性が証明されています。この頃ではあまり多すぎてたいていのコーエンの方法の応用は人目を引かなくなったくらいです。そのなかの代表的なものの一つにソロヴェイ (R. Solovay) のつぎの結果があります。

すべての実数の集合がルベックの意味で測度可能であるという命題は〈ＺＦ集合論〉-〈選択公理〉と矛盾しない。

ここではソロヴェイはＺＦ集合論より多少強い仮定のもとで証明していますが, その仮定は妥当と思われるものなので上の結果は一般に承認されているものです。

コーエンの方法はこのようにそれまでは不可能に思われた多くの命題のＺＦ集合論からの無矛盾性および独立

性をやすやすと証明するだけでなくて，ある意味でのこれらの命題のモデルをあたえることによってどういう仕組みに集合の世界がなっていれば，たとえば連続体仮説の否定が成立するかといったいろいろな場合にかなり具体的な想像ができるようになったことが大きな長所といってよいと思います。いままでは不可能であった集合の世界でのいろいろな実験が実際にできるようになって集合の世界への空想が強く多くの集合論の専門家の間に芽生えてきたといってよいと思います。こういう多くの空想が，いままでのところは花が咲いて実がみのったというわけにはゆきませんが将来の大きな原動力になることはじゅうぶん考えられます。ここでちょっとお断りをしますと，実はいままでのべてきたことはコーエンがもともと発表した方法自体ではなくてスコット（D. Scott）とソロヴェイによって整理変形された考えによるものです。しかし，本質的には同じ考えなのでここでは単にコーエンの方法として紹介しました。

到達不能数

　第3章でランク（rank）を定義したとき定義したRを思い出して下さい。ある順序数αが到達不能数だということを，

"$R(\alpha)$の上でBG集合論が成立する"

ということだと定義します。

　前にのべたようにBG集合論は有限個の公理で表されます。したがって，その有限個の公理を，φ_1，……，

φ_n として，$\varphi_1\wedge\cdots\cdots\wedge\varphi_n$ を考えればただ一個の公理 φ_0 で表されていると思って差し支えありません。この φ_0 のなかにはたくさんの $\forall x$ や $\exists y$ また $\forall A$ や $\exists B$ があります。これをそれぞれ，

$$\forall x\in R(\alpha),\ \exists y\in R(\alpha),\ \forall a\subseteq R(\alpha),\ \exists b\subseteq R(\alpha)$$

にかえてできる命題を $\varphi_0^{R(\alpha)}$ と表します。この $\varphi^{R(\alpha)}$ という形は前にも出てきましたが，前にはＺＦ集合論の命題で $\forall A$ や $\exists B$ はなかったのですが，今度はこういうクラスの変数に $\forall$ や $\exists$ がついている場合が出てくるので前の定義の拡張になっています。

このように定義した $\varphi_0^{R(\alpha)}$ が成立するときに "$R(\alpha)$ でＢＧ集合論が成立する" または "$R(\alpha)$ はＢＧ集合論のモデルである" といいます。そして，この意味で $R(\alpha)$ がＢＧ集合論のモデルになっているときに α を "到達不能数" というのです。

$R(\alpha)$ でＢＧ集合論が成立するときには，もちろん $R(\alpha)$ でＺＦ集合論が成立します。もっと詳しくいえば，ＺＦ集合論の任意の公理 φ_0 をとると $\varphi_0^{R(\alpha)}$ が成立しています。しかし，逆は必ずしも真ではありません。つまり，すべてのＺＦ集合論の公理 φ_0 に対して $\varphi_0^{R(\alpha)}$ が成立していても $R(\alpha)$ でＢＧ集合論が成立しているとはかぎりません。前にＺＦ集合論とＢＧ集合論とは同等だといったので，これはちょっと変に聞こえるかも知れません。説明をするとつぎのようになります。いま私達は $\varphi_0^{R(\alpha)}$ を定義するとき，$\forall A$ や $\exists B$ を $\forall a\subseteq R(\alpha)$ や $\exists b\subseteq R(\alpha)$

第4章 現代集合論

"到達不能数"の存在は正しい公理と大多数から認められていて、ZF集合論の枠外にハミダシた新しい公理といえます。

到達不能数

と変形したのですが，$\forall A$ や $\exists B$ の $R(\alpha)$ での意味をこのように解釈するというのは可能な解釈のなかで一番強いものをとったので，実はもっと弱い解釈も存在してその一番弱いものをとると（したがって，この場合 $\varphi_0{}^{R(\alpha)}$ の意味が上に定義したものとはちがってくる），"$R(\alpha)$ でＺＦ集合論が成立する" ことと，"$R(\alpha)$ でＢＧ集合論が成立する" こととが同等になるのです。しかし，ここでは強い解釈をとっています。

さて，問題は到達不能数が存在するのかどうか？　ということです。結論を先ずいえば，

1．現在の集合論専門家はほとんどが存在すると信じている。

2．しかし，存在するという証明はＺＦ集合論のなかではできない。

1.に対する説明はつぎの章ですることにしてここでは2.の証明をすることにします。

もしＺＦ集合論で α が到達不能数であるような α の存在が証明できたとします。このとき $R(\alpha)$ でＺＦ集合論が成立しますから，この証明を繰り返すと $R(\alpha_1) \in R(\alpha)$ で α_1 がまた到達不能数であるような α_1 の存在が証明されます。この議論を繰り返しますと，

$$R(\alpha) \ni R(\alpha_1) \ni R(\alpha_2) \ni \cdots\cdots$$

となる α_2, α_3, ……の存在が言えてこれは正則性の公理に反します。

この意味で "到達不能数" の存在は正しい公理と大多

第4章　現代集合論

数から認められていてＺＦ集合論の枠外にハミダシタ新しい公理といってよいわけです。

新しい公理だと思うと，外の公理たとえば $V=L$ との関係が問題になります。ＺＦ集合論に到達不能数をつけ加えたものが無矛盾ならば，それにさらに $V=L$ を追加したものがやはり無矛盾であることが知られています。証明は比較的簡単で到達不能数が L のなかでもやはり到達不能数になっていることから分かります。

ここに到達不能という言葉の意味を説明しますとつぎのようになります。普通数学である集合から出発してもっと大きな集合を作る操作はすべてＺＦ集合論のなかで定義されその存在が証明されます。いま，$R(\alpha)$ の上でＺＦ集合論が成立しますからこれらの操作は $R(\alpha)$ の内部の操作になり $R(\alpha)$ の外にハミダスことはできません。α 自身は $R(\alpha)$ の外にあるので（すなわち $\alpha \notin R(\alpha)$ なので）α 自身は普通定義される操作で $R(\alpha)$ の元である集合から到達することはできません。普通の操作では下から到達できないという意味で到達不能数といわれるのです。

測度可能数

まず，順序数 α が "α より小さいすべての順序数の集合" であることを思い出して下さい。これを思い出した上でつぎの定義をします。順序数 α が測度可能数であるということをすべての α の部分集合 a に対してつぎの条件をみたす "a の測度" $\mu(a)$ が定義されている（定義

できる）こととします。

1．$\mu(a)$ は 0 か 1 かどちらかである。

2．$\beta < \alpha \Rightarrow \mu(\{\beta\}) = 0$

すなわちただ一点からなる集合の測度は 0 とします。

3．$\mu(\alpha) = 1$

この場合 α を全空間（あとの集合は α の部分集合であるという意味で）と考えてよいのでこの条件は全空間の測度は 1 であるということと思って下さい。

4．$a \subseteq b \subseteq \alpha \Rightarrow \mu(a) \leq \mu(b)$

これは大きい集合の測度の方が大きいということです。

5．$a \subseteq \alpha \Rightarrow \mu(a) + \mu(\alpha - a) = 1$

ここで，+ は普通の自然数の足し算です。いま測度は 0 か 1 にきまっていますから $\Rightarrow$ の右辺は $\mu(a)$ と $\mu(\alpha - a)$ の一方が 0 で他方が 1 のことを意味しています。

6．いま，$a_0, a_1, \ldots, a_n, \ldots$（$n$ は自然数）を α の部分集合の列とします。このときもしすべての自然数 n について $\mu(a_n) = 0$ ならば $\mu(\bigcup_{n \in \omega} a_n) = 0$ となります。

最後の二つの条件は測度の完全加法性といって測度論でよく出てくる性質です（ただしここでは全空間の測度が 1 と仮定してのうえでの完全加法性です）。

最後にもう一つ補助的な性質を条件につけておきます。

7．β を α より小さな順序数とするとき β の濃度は α の濃度より小さい。

第4章 現代集合論

 さて,"測度可能性"という概念は歴史的には偶然によって発生したといってよいと思います。実数の集合でルベック測度の定義されない集合があることが証明されてからポーランド学派によって1930年代に上のように測度を一般化したときに上の条件をみたす測度をもつ集合が存在するか? ということが問題になりました。整列可能定理によってすべての集合は順序数と一対一に対応するので上の集合を順序数とおきかえても問題は同じことになります。当時ただちに万一測度可能数 α が存在するならば,α は一番小さい到達不能数と等しいかそれより大きくなければならないということが証明されました。当時は測度可能数は存在しないと思われていたので非存在を証明しようと努力したのですが非存在は証明されませんでした。これが証明できなかったことから測度可能数が存在するのかも知れないという意見が強くなり,たとえば,エルデス (P. Erdös) などは"すべての到達不能数は測度可能数である"が正しいとしていくつかの定理をこの仮定にしたがって証明しているほどです。しかし,それ以外には1960年までほとんど測度可能数に対する研究はなされなかったのですが,1960年に数理論理学のウルトラプロダクトの方法と結びついて急に流行の話題となって一時は現代集合論の流行の一つになっていました。

 測度可能数の一つの特色は,もし測度可能数が存在すれば到達不能数などとは比較にならないくらいトテツもなく大きいということです。したがって,その存在の可

能性を疑う人の数も少なくはありません。このトテツもなく大きいということはたとえばつぎの定理でわかることと思います。

いま α を測度可能数とするとき, 到達不能数を大小の順に小さい方から 0 番目の到達不能数, 1 番目の到達不能数……と番号をつけてゆくと α は α 番目の到達不能数になっている。

したがって, 測度可能数の存在は極度に強い公理になっています。

興味のある結果はつぎのスコットの定理です。

"ＺＦ集合論に $V=L$ と測度可能数の存在とをつけ加えると矛盾が生ずる"

この結果を $V=L$ に否定的な結果とみるか, または測度可能数の存在に否定的な結果とみるかは難しい問題です。

とに角この公理の強味は, この公理をＺＦ集合論に付け加えるといろいろと面白い新しい数学の定理が, たとえば射影集合論の分野でえられるということです。逆に, この公理の弱味はこの公理が偶然によって発生して, それを仮定すればいろいろよい結果が出るということで研究されただけであって, 正しいということのなんの保証もないということです。したがって, この公理がＺＦ集合論と無矛盾であることを信じてよい理由はどこにもありません。事実, 1976年の初めにジェンセン（Jensen）が測度可能数の非存在を証明したと発表してセンセーションをまき起こしました。残念ながらジェンセンの証明

第4章 現代集合論

測度可能数の一つの特長は，もし測度可能数が存在すれば到達不能数などとは比較にならないくらいトテツもなく大きいということです。

測度をもつ集合が存在するか？

には誤りが発見され現在のところこの公理が矛盾するかどうかは不明です。しかし，この事件での特色はそれまでこの公理を仮定していろいろな結果を出していたこの公理の専門家達で常々この公理が正しいということを主張していた人の中で誰一人「そんなバカなことがあるわけがない。ジェンセンの証明がまちがっているにキマッている」といった人がいないことです。このことは測度可能数存在という公理がいかに便宜的な理由で信じられていたかというよい証拠のように思われます。これと似たようなことでヴェッテ（E. Wette）は何年来ＺＦ集合論の矛盾の証明をみつけたといいつづけていますが（そしてわけのわからない論文を発表しつづけていますが），ほとんど大部分の人が相手にしない状態と比べてみるときに，ＺＦ集合論への信頼に比べて測度可能数存在の公理がいかに不安定なものかを物語る証拠といってよいでしょう。

さて，ジェンセンのニュースが流れたときに，ある有名大学の数理論理学の教授は測度可能数存在の公理を研究している学生たちを集めて「すぐ論文を提出しないと学位をやらないぞ」といったそうです。学生たちがあわてて論文を提出したのが先か，それともそれ以前にジェンセンの証明の誤りが発見されたのかどちらが先だったのでしょうか？

決定の公理

ここに二人の人で争われる数学的な"6回ゲーム"を

第4章 現代集合論

考えます。今二人の人を Ⅰ と Ⅱ で表すことにします。最初に Ⅰ が ＜0, 1, 2, 3, 4, 5, 6, 7, 8, 9＞ のなかの一つの数字を選ぶことにします。これを k_1 とします。k_1 をみて Ⅱ がやはり 0 から 9 までの数字の一つをえらんでこれを k_2 とします。これを見て Ⅰ が 0 から 9 までの数字の一つを選んで k_3 とします。こうやって, 順順に 6 回数字がえられます。

Ⅰ	k_1	k_3	k_5
Ⅱ	k_2	k_4	k_6

これでゲーム終了です。さて, これがゲームになっているということはこうやってゲームがすんだときに Ⅰ と Ⅱ とのどちらが勝ったのか事前に勝負を判定する規則があたえられているということです。いま, このあたえられた規則にしたがって Ⅰ が勝つ場合の $k_1, k_2, k_3, k_4, k_5, k_6$ の列全体の集合を A とおくことにします。すなわち,

$$A = \{(k_1, \ldots, k_6) | (k_1, \ldots, k_6) \text{ のとき}$$
$$\text{は Ⅰ が勝ち}\},$$

とします。こうすると逆に A を決めることがこのゲームの勝負をすべて決めることになります。すなわち, $k_1, \ldots, k_6$ が全部のゲームの進行であったときに,

$(k_1, \ldots, k_6) \in A$ ならば Ⅰ の勝ち,

$(k_1, \ldots, k_6) \notin A$ ならば Ⅱ の勝ち,

と定義すればよいわけです。

したがって、$(k_1, \ldots, k_6)$ 全体の集合の部分集合 A を一つきめることを一つのゲームをきめることと定義します。

さて、一つ二つこういうゲームの例をあげてみましょう。

1. $k_1+k_2+\cdots\cdots+k_6$ が偶数ならばⅠの勝ちとゲームを定義する。

このゲームにはⅡに必勝法が存在します。なぜならばⅡの k_2, k_4 はデタラメにえらんでおいて最後にⅠがどんなふうに k_1, k_3, k_5 をえらんでも、

$k_1+\cdots\cdots+k_5$ が偶数ならば $k_6=1$ ととる、
$k_1+\cdots\cdots+k_5$ が奇数ならば $k_6=0$ ととる、

とすれば必ずⅡが勝つことになります。

2. $k_1+k_2+\cdots\cdots+k_6>20$ ならばⅠの勝ちとする。

このゲームではⅠに必勝法があります。なぜならばⅠが k_1, k_3, k_5 をただ毎回 7 をえらんでゆけばⅡがどんなことをしようともⅠが必ず勝つわけです。

さて、どんなゲームをとってもⅠかⅡかどちらかに必ず必勝法が存在することが証明できます。これを証明するためにゲームを定義する A をとって $(k_1, \ldots, k_6) \in A$ のことを $A(k_1, \ldots, k_6)$ とかくことにしますと、Ⅰに必勝法が存在するということはつぎの式が成立することと同じです。

$\exists k_1 \, \forall k_2 \, \exists k_3 \, \forall k_4 \, \exists k_5 \, \forall k_6 \, A(k_1, \ldots, k_6)$ ここに k_1 は

第4章 現代集合論

0から9までの数字を表す変数とします。同様にしてⅡに必勝法が存在するということを式でかけば,

$$\forall k_1 \exists k_2 \forall k_3 \exists k_4 \forall k_5 \exists k_6 \daleth A(k_1, \cdots\cdots, k_6)$$

ということになります。

ところで,$\daleth \forall k \varphi(k)$ は $\exists k \daleth \varphi(k)$ と同等で,$\daleth \exists k \varphi(k)$ は $\forall k \daleth \varphi(k)$ と同等ですから "Ⅰに必勝法がある" という命題を A とおけば上にのべたことから, "Ⅱに必勝法がある" という命題は $\daleth A$ と同等になっています。ところで,$A \lor \daleth A$ は常に成立しますから "ⅠかⅡかどちらかに必勝法がある" が成立します。

この証明をよく調べてみますと,6回ゲームに限らず一般に有限な n をとって n 回ゲームでも同じ証明でよく,また k が0,1,……9からでなくても任意の空でない集合 K の元からとることにしてもよいことが分かります。もちろん,ここに K は有限集合でも無限集合でも構いません。

さて,この有限の n を無限にまで拡張するとどうなるでしょうか? もっと正確にいえば i を正の自然数を表すものとして,

	1	2 ……	i ……
Ⅰ	k_1	k_3 ……	k_{2i-1} ……
Ⅱ	k_2	k_4 ……	k_{2i} ……

と無限にとってゆくのです。もちろんゲームの定義は前

二人で争われる数学的な"6回ゲーム"から導き出される
"必勝法が存在する"という命題は正しいでしょうか？

ゲームの結着は無限の未来に

第4章　現代集合論

と同じく無限列 $(k_1, k_2, \ldots\ldots)$ 全体の集合の部分集合 A を一つきめておいて，

$(k_1, k_2, \ldots\ldots) \in A$ ならば I の勝ち，

$(k_1, k_2, \ldots\ldots) \notin A$ ならば II の勝ち，

と定義するのです。

さて任意に A をえらんだときに，"I か II のどちらかに必勝法が存在する"という命題は正しいでしょうか？

この命題が正しいということを主張するのが"決定の公理"と呼ばれるものです。これを前のように論理記号を用いて表してみますと，

$\exists k_1 \forall k_2 \exists k_3 \ldots\ldots \varphi(k_1, k_2, k_3, \ldots\ldots)$

の否定は，

$\forall k_1 \exists k_2 \forall k_3 \ldots\ldots \neg\varphi(k_1, k_2, k_3, \ldots\ldots)$

に同等である。

ということを意味しています。ちょっと考えてみるとこれは正しいような錯覚がします。しかし，これは間違っているのです！　したがって決定の公理と"公理"という名前をつけてよぶことはおかしいことなのです。

しかし，もしそうならばどうして決定の公理と公理の名前でよんで，なぜ面白がって研究するのでしょうか？　それについて少しばかり説明してみます。

まず，なぜこの公理は間違っているのでしょうか？　一口にいえばこのゲームが結着のつくのは無限の未来に属することになります。したがって標語でいえば，

"たとえ神といえども無限の未来は予測できない"
ということになります。これはいささかシャレに近くなりましたが，もっと正確にいうためにまず k の動く範囲 K について考えます。K がうんと大きな集合のときはこの決定の公理の反例は簡単に得られます。したがって，以下 K は有限集合か自然数全体の集合かのいずれかであるとします。

こう K を限定したものを決定の公理とよぶと，いままでのところ決定の公理に対する反例は選択公理を用いてしか作ることができず，それが反例である証明はカントールの対角線論法を用いてなされるのです。

ここで選択公理についてのディスカッションを思い出して下さい。ここでの決定の公理の反例はまさしくあるあるとはいうけどキチンとした定義のあたえられないたぐいの反例なのです。

したがって，キチンと定義があたえられる集合だけに集合を限定すれば決定の公理は成立するのではないか？という考えがあるのです。このような形に弱められた公理を"決定の公理"といい直すと，この弱い形の公理とZF集合論とではいままでになんの矛盾も出ていません。

しかしながら，どうしてそんなにまで無理をしてまでこの決定の公理に興味をもつのでしょうか？　だいたいにおいてつぎの三つがその理由だと思って差し支えないと思います。

1．弱い形の決定の公理でさえ測度可能数の存在よりは遙かに強い公理なのです。したがって数学の興味のあ

第4章 現代集合論

る命題でこの公理を仮定して初めて証明されたものが多多あります。例をあげれば,弱い形のこの公理から"すべての射影集合はルベーグ可能でベール(Baire)の性質をもっている"といったことが生まれ出てきます。

"測度可能数存在の公理より強い"ということをちょっと説明しますと,決定の公理から測度可能数存在の公理が出てくるということではなくて,決定の公理(弱い形)を仮定すると測度可能数存在とZF集合論のモデルが作れるということです。弱い形の決定の公理と$V=L$がZF集合論の上で矛盾することはイトモ簡単に出てきます。

2. 測度可能数の存在の公理とは異なって決定の公理は実数についての公理と考えられます(Kは自然数全体の集合と思ってよく,Aは自然数列の集合ですから実数の集合と思ってよく,必勝法の存在はある実数の存在と表すことができます)。実数についてのこれくらいハッキリと簡単な命題でこれくらい強い公理が得られるということに大変神秘的なものを感じます。それに実数についての命題のため実数について多くの結果が出てきます。一方,無数に多くの測度可能数の存在を示す公理が考えられてきていますが,それらの公理からの実数についての結論は驚くほど少ないのです。これは決定の公理の著しい特徴です。

3. したがって弱い形の決定の公理が正しいと思うから研究するというよりは,決定の公理研究がなにか実数連続体に対する新しい考えを見いだす手掛かりになるのではないか? そういう考えが決定の公理の研究に誘っ

ているのだと思います。

　以上のような理由で決定の公理の研究は一時大変な流行でした。しかし，研究のだいたいが決定の公理を仮定して何かを証明するという応用の方であって，決定の公理自身の内容を探究してゆくというものではなく最近はやや下火になったように思われます。

アラベスク
　ここでは現代集合論にからみあっているいろいろなことについてのべたいと思います。
　第一章でのべたように，集合についての演算は論理的演算の翻訳と思ってよいわけです。したがって私達の論理と異なった論理を考えれば異なった集合の理論ができ上がるわけです。
　もちろん，論理の体系を形式化して数学的対象として考えればその変形は無数に考えられます。しかし，そのなかで最も意味のあるのは第二章で説明した直観主義の論理です。この直観論理のアイデアは前にのべた経験的ということで，そのため $A \vee \neg A$ が必ずしも正しいとは限りません。この経験的ということと集合概念を考えるということはあまり首尾一貫したこととはいえません。が，直観論理をつくり上げたうえで，そこに集合論をそれにしたがってつくることは数学的には容易なことです。したがって直観主義的集合論という普通の集合論とは毛色のちがった，しかし本質的にはあまり変わらないものをつくることができます。ここでは $A \vee \neg A$ が必ず

第4章 現代集合論

直観論理を集合論的に解釈するには，位相空間の知識が必要です。

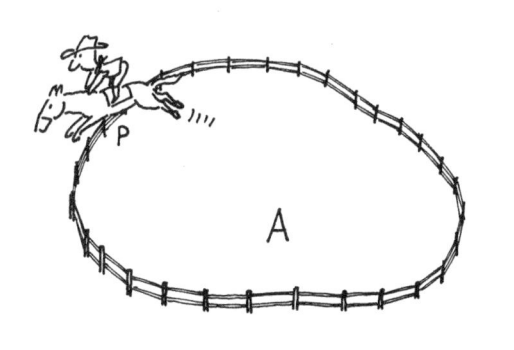

直観主義的集合論

しも正しいとは限らないということが強調されています。

さて, 私達の普通の論理の演算が集合の演算になっているので, 逆に論理の演算を集合の演算を用いて解釈することは当然のことで, しかも容易にできます。たとえば, ∧を∩で, ∨を∪で ￢を ᶜ で解釈するというふうに……。

ところで, 直観論理をこのように集合論的に解釈するとどうなるでしょうか? この問いに答えるためには, 位相空間の知識が必要です。位相空間についてはよい解説書がたくさんあるので御存知のことと思いますので, ここでは最小限度の説明を行います。いま, 平面の部分集合の位相だけを考えることにします。

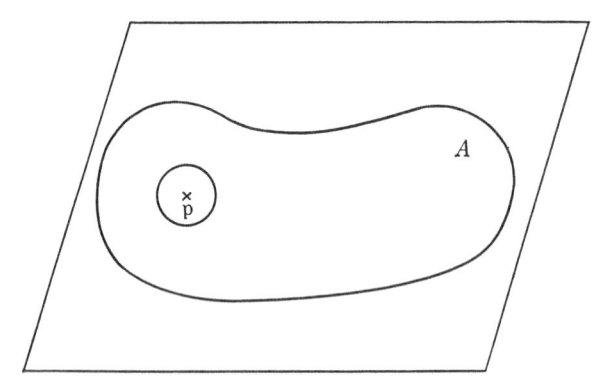

いま平面の点集合Aをとったとき, "Aが開集合である"ということをつぎの条件で定義します。

　　どんなAの点Pをとっても, Pを中心とする小さな

第4章 現代集合論

円をかくと，その円の内部がすべてAに含まれてしまうようにできる。

したがって，図においてAを図で示された境界線の内部だけだと思うと，Aは開集合となっています。これに反して境界線をくり入れると開集合にはなっていません。

この様子をみるために，

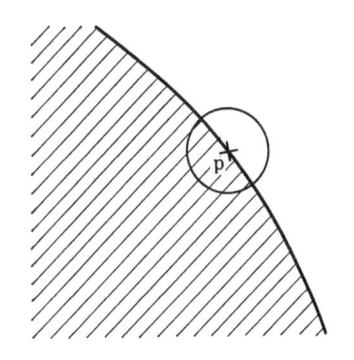

上の図のように境界線の左側と境界線が，いま考えている集合に入っているものとします。いま，境界線上の点pをとりますと，pはこの場合考えている集合に属しています。さて，pを中心とするどんなに小さい円をかいても円の内部の一部分はその集合に含まれ，ある部分は必ずハミダシテいることは図から明らかなことと思います。

さて，開集合の主な性質としてつぎのものがあります。

1. AとBとが開集合ですと，$A \cap B$と$A \cup B$はともに開集合である。

2. Aを任意の集合とするときAに含まれる最大の開集合が存在する。この開集合を A^0 で表す。明らかに$A^0 \subseteq A$です。

もちろん、Aが開集合のときは A^0 は A 自身になっています。最初の図で境界線と内部との和集合を B として、境界線の内部だけをAとしますと、前にいったようにAは開集合で、Bは開集合ではありませんが、

$\quad B^0 = A$

が成立しています。

いま平面全体、すなわち全空間をXで表しますとX自身はもちろん開集合になっています。

さてこのように位相空間を考えますと、直観論理での論理演算は、位相空間の開集合に対するつぎのような演算によって解釈することができます。

$\quad A \wedge B \qquad A \cap B$ で解釈する、
$\quad A \vee B \qquad A \cup B$ で解釈する、
$\quad \neg A \qquad (X-A)^0$ で解釈する、

さて、ここで平凡な注意をすることにしましょう。A, Bが開集合としますと、$A \cap B$, $A \cup B$はともに開集合ですからできたものが開集合で、開集合だけを考えるという最初の趣旨に一致しています。さて、$\neg A$のときに普通のように$X-A$をつくりますと、これは必ずしも開集合とはなりません。たとえば最初の図のAをとって考えると$X-A$は境界線の外部と境界線との和集合

第4章 現代集合論

になって境界線が入ってくるために開集合でないことが分かります。いま，開集合だけを考えることに決めているので$(X-A)^0$と ^{0} をつけて開集合に直さなければならないわけです。最初の図のAでは$(X-A)^0$は境界線を入れない境界線の外部になっています。

さて，直観論理はこのように開集合でいつでもうまく解釈できるのですが，この解釈で$A \vee \rceil A$が必ずしも成立しないことがどういう具合になっているかを見ることにします。このために最初の図のAをとって考えてみます。このとき$\rceil A$は$(X-A)^0$ですから境界線の入らない境界線の外部になっています。したがって，$A \vee \rceil A$は境界線の内部と境界線の入らない境界線の外部との和集合になっています。したがって，これは全空間Xから境界線だけをとり去った集合になっています。これは明らかにXの"真部分集合"です。$A \vee \rceil A$が正しいことの解釈はXになることですから，この場合$A \vee \rceil A$が成立しないことが分かります。

直観論理では，$\rceil \rceil A$とAとは必ずしも同等でないのですが，それをこの開集合での解釈を用いるとどのように説明されるでしょうか？ 最初の図Aをとってくるとうまくはゆきません（うまくゆかないというのはこの場合$\rceil \rceil A$とAとが同等になるということです）。これを説明するために順々にやってゆきますと，

      A 境界線の内部，
      $X-A$ （境界線の外部）∪（境界線），

点集合Aをとったとき，その集合の境界線，そしてその集合Aの内部と外部との関係を考えていくことは重要な意味があります。

境界線の問題

第4章 現代集合論

¬A　　$(X-A)^0$　境界線の外部,

$(X-¬A) = X-(X-A)^0$

　　　（境界線の内部）∪（境界線），

¬¬A　　$(X-¬A)^0 = (X-(X-A)^0)^0$

　　　境界線の内部,

となって$A = ¬¬A$となります。

さて，$A ≠ ¬¬A$ となるような例をどうやって作ったらよいでしょうか？

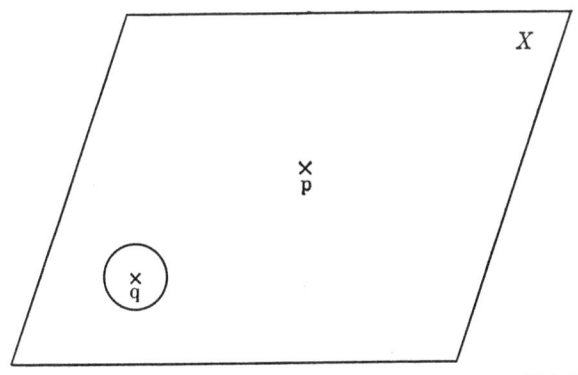

これは上の図で$A = X-\{p\}$とおくことによって得られます。位相空間論ではしばしば $\{p\}$ のことを単にpと略しますが，これは悪い習慣のように思います。さて，最初にAが開集合になることはp以外の点qをとると，qを中心とする小さな円を書くとその内部がすべてAに入っていることから明らかと思います。さて，¬¬Aを順々に計算しますと，

A　　$X-\{p\}$

187

$X-A=\{p\}$

$\daleth A$ $\quad (X-A)^0=\phi$ これは $\{p\}$ は一点しか含まないのでどんな円をかいてもハミダシテしまうことから分かります。

$X-\daleth A=X-(X-A)^0=X$

$\daleth\daleth A$ $\quad (X-\daleth A)^0=X^0=X$

したがって，$A=X-\{p\}$ で $\daleth\daleth A=X$ ですから，$A\neq\daleth\daleth A$ が分かります。

さて，直観論理の外に普通の論理と異なる興味深い論理があります。それは"量子論理"です。これはコーエンの方法のところで光子について説明した量子力学での論理です。もし，この世の論理が本当は量子力学の論理にしたがっているとすれば量子論理の方が本当の論理かも知れません。さて，直観論理が開集合の論理とすれば，量子論理は線型部分空間の論理になっています。本当は無限次元の空間で考えねばならないのですが，ここでは私達の直観を用いるために三次元空間で考えますが，本質的なことにはほとんど差がありません。

さて，三次元空間自身をXで表すことにします。Xの線型部分空間とは原点Oを通る直線，平面またはX自身か原点だけからなるものとします。次元で分類しますと，

0次元　　$\{O\}$，
1次元　　Oを通る直線，
2次元　　Oを通る平面，

第4章 現代集合論

3次元　　X自身,

これらの例を図で示します。ここでは直線 l と平面 A

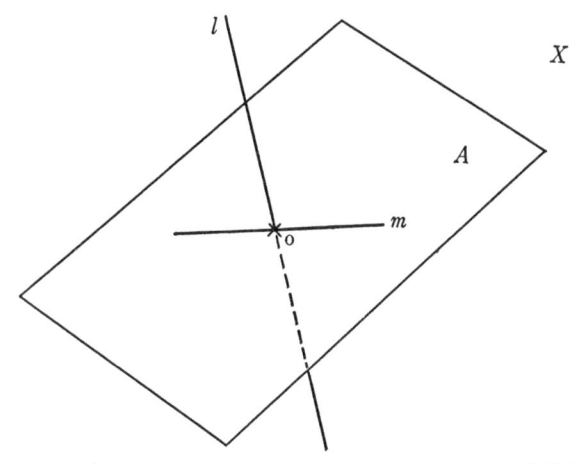

とを示しています。もちろん A の上にのっている直線も m のようにたくさんあります。

さて，a，b を二つの線型部分空間とするとき $a \lor b$ を，

　a と b から張られる線型部分空間,

と定義します。

すなわち，a と b とが二つの相異なった直線の場合はこの二つの直線を含む平面が $a \lor b$ になっています。a が直線で b が平面で a が b の部分になっていないときは $a \lor b$ は X 自身を意味します。a が b の部分であるときは $a \lor b$ は b 自身になります。同様にして，$a \land b$ を，

　a と b との交わり,

と定義します。この交わりは集合として考えると共通部

分になっていて，やはりOを通る線型部分空間になっています。

 ⁊aをaの直交空間によって定義します。aの直交空間を$a^{\perp}$で表しますが，$a^{\perp}$の定義はつぎのようにされます。

 aが$\{O\}$のときは$a^{\perp}$はX自身である。

 aがXのときは$a^{\perp}$は$\{O\}$である。

 aが直線lのときは，$a^{\perp}$はlと直交するOを通る平面である。

 aが平面Aであるとき，$a^{\perp}$はOを通ってAと直交する直線である。

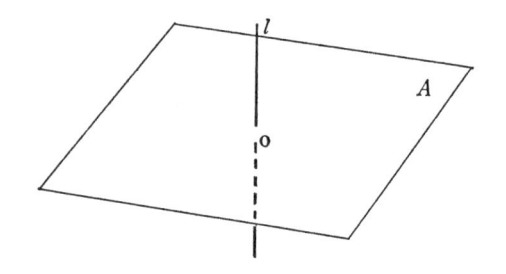

 直線と平面とが直交するという関係は御存知と思いますが，Aの上のOを通る任意の直線mをとったとき$l \perp m$が成立していることです。

 さて，このような論理ではどのような法則が成立するでしょうか？　それは直観論理と似たものでしょうか？　実際には普通の論理（以下では直観論理や量子論理との関係で古典論理とよぶことにします）を中心に直観論理と量子論理とは正反対の位置にあります。

第4章 現代集合論

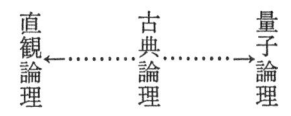

直観論理 ←……… 古典論理 ………→ 量子論理

このことを説明するために,直観論理では必ずしも成立しなかった $A \lor \neg A = X$, $\neg\neg A = A$ が量子論理で成立することを調べてみますと,

$$a \lor \neg a = a \lor a^\perp = X$$
$$\neg\neg a = (a^\perp)^\perp = a$$

となって両者とも成立することは明らかです。では,どのような古典論理での法則が量子論理では成立しないのでしょうか? たとえば分配律,

$a \land (b \lor c) = (a \land b) \lor (a \land c)$ と,

$a \lor (b \land c) = (a \lor b) \land (a \lor c)$ が共に量子論理では成立しません。この二つの法則の反例はいずれも図のような平面上の三直線によってあたえられます。

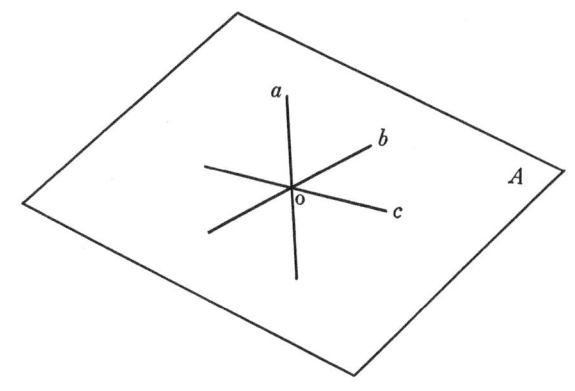

普通の論理，つまり古典論理は直観論理と量子論理の中心にあるといえます。直感論理の研究は盛んでも，量子論理に基づいた集合論の研究は現在のところ皆無といってよい状態です。

直観論理　古典論理　量子論理

集合論の未来

第4章　現代集合論

すなわちこの場合,

$a \wedge (b \vee c) = a$
$(a \wedge b) \vee (a \wedge c) = \{O\}$
$a \vee (b \wedge c) = a$
$(a \vee b) \wedge (a \vee c) = A$

で反例になっていることは明らかと思います。ところで,上の二つの分配律は直観論理では成立しています（開集合の$\vee$と$\wedge$は$\cup$と$\cap$自身だったので$\vee$と$\wedge$とだけに関する限り直観論理は古典論理と全く同じものになります）から直観論理と量子論理では古典論理とのクイチガイが正反対になっているわけです。

さて,直観論理の研究は盛んになされていますが,量子論理についての研究はほとんどありません。まして量子論理に基づいた集合論の研究は現在のところ皆無といってよい状態です。しかし,量子論理に基づいた集合論の発展は数学的には興味深いものと思われます。

最後にグロタンディク（A. Grothendieck）およびその周辺の人がつくったトポ（topos）と集合論との関係を少しばかりのべておきます。グロタンディクのトポ自身はかなり抽象的なので,その特殊な場合についてだけ説明することにします。

いま位相空間Xを一つ固定しているものとします。ここで位相空間というのは前にのべた開集合という概念が定義されている空間のことだと思って下さい。さて,別の位相空間Yをとってきたとき, $p: Y \to X$すなわち,

Y から X への関数 p が射影だということをつぎの条件をみたすものと定義します。

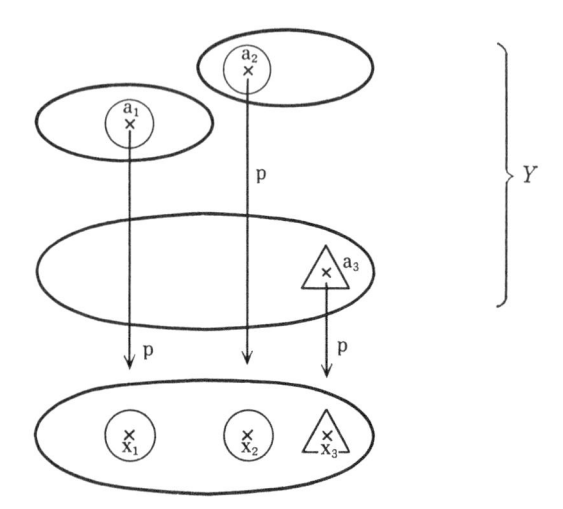

Y から任意の点 a をとってきて，$x = p(a)$ とします。このとき a を含む Y の開集合 U が x を含む X の開集合 G の全く同じコピーになっていて，p が U と G との間の一対一の対応になっているように U をとることができる。この"全く同じコピー"という所は同相という位相の言葉で表さなければならないところですが，ここでは省略します。直観的に理解してほしいと思います。

X の開集合 A，B，C，……をとるとき，(A，B，C，……のお互い同志に共通点があっても構いません) A，B，C，……のコピーを A'，B'，C'，……として A'，B'，C'，……はお互いに共通点がない集合として，

$Y = A' \cup B' \cup C' \cup \cdots\cdots$

第4章 現代集合論

として A' の点をそれに対応する A の点，B' の点をそれに対応する B の点，……というふうに対応させるさせ方を p としますと p は Y から X への射影になっています。

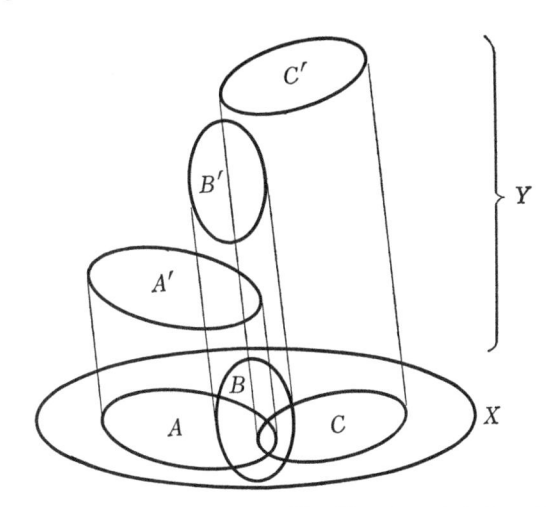

いま Y から X への射影 $p: Y \rightarrow X$ があたえられたときにこの Y と p との組を"集合"という名前でよぶことにします。特別な場合として，Y が空集合のときも X への射影があたえられているものと考えます。(X の開集合である空集合をとって上の操作を行ったと思えばよい）

このとき私達はこの"集合"の定義にしたがって集合の理論を展開することができます。この考えは前にのべたコーエンの方法とほとんど類似のものです。少しやってみますと X の n 個のコピー $X_1, \cdots\cdots, X_n$ からできている位相空間 Y は n 個の元からできている集合になっています。X の開集合 A のコピー一つからできている位相空

間 Y から A への射影はある1個の元を部分的に元としてもっている集合です。このところは全くコーエンの方法のところでのべたのと同じです。

この意味での集合 $p_1: Y_1 \to X$ と $p_2: Y_2 \to X$ とがあたえられたとき,この二つの集合の和集合,共通部分は常識にしたがって容易につくれるのでここでは省略します。もう少し集合らしい場合を考えるために二つの集合のプロダクトを考えてみます。まず普通の二つの集合 A と B のときを考えますと,

$$A \times B = \{<a, \ b> | a \in A \land b \in B\}$$

によって定義されます。特別な場合として,

$$A = \{a_1, \ a_2\}, \ B = \{b_1, \ b_2, \ b_3\}$$

とするとき,

A

a_1　　$<a_1 \ b_1>$　　$<a_1 \ b_2>$　　$<a_1 \ b_3>$

a_2　　$<a_2 \ b_1>$　　$<a_2 \ b_2>$　　$<a_2 \ b_3>$

　　　　　b_1　　　　　b_2　　　　　b_3　　　B

$A \times B$ の元の全部は $<a_1, \ b_1>, \ <a_1, \ b_2>, \ <a_1, \ b_3>,$ $<a_2, \ b_1>, \ <a_2, \ b_2>, \ <a_2, \ b_3>$ と6個になります。一般に $A, \ B$ が有限集合で A の元の個数が m, B の元の個数が n としますと $A \times B$ の元の個数は mn 個となっています。

第4章 現代集合論

さて,上の新しい二つの集合, $p_1: Y_1 \to X$ と $p_2: Y_2 \to X$ のプロダクトはどうなっているでしょうか? ここでは例を暗示するために図のような場合を考えることにします。

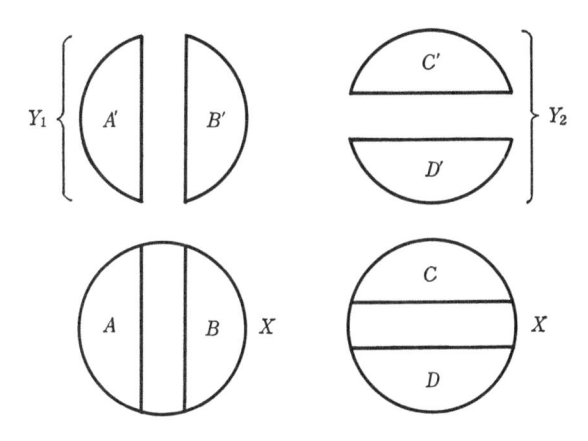

いま,$A \cap C = E$,$B \cap C = F$,$A \cap D = G$,$B \cap D = H$ としますと,Y_1 と p_1 の集合と Y_2 と p_2 の集合のプロダクトは,図によって表されるような Y_3 になっています。

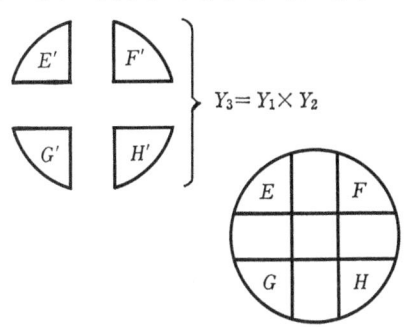

いま位相空間 X を一つ固定しそこに別の位相空間 Y をとってきたとき，Y から X への関数（これを p としますと）が射影で，Y と p との組を"集合"という名前で呼ぶことにします。

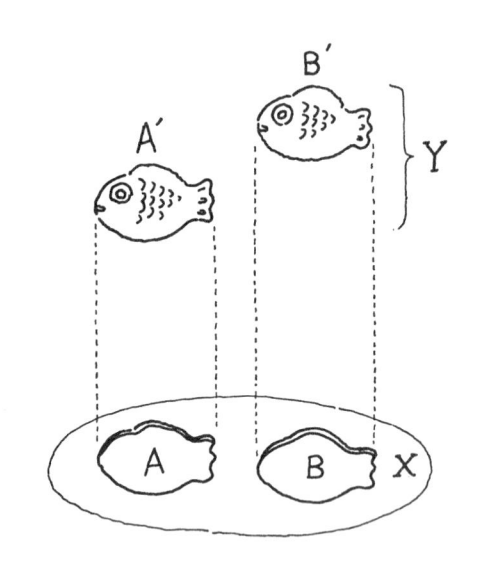

射影のイメージ

第4章 現代集合論

　さて，きわめて初等的なことだけをのべましたがこの方法で少し変わった集合論をつくってゆく可能性があることはお分かりになったことと思います。実際にグロタンディクとその流派の人はこのような集合論をもう少し抽象的な状況でつくりあげたのです。これはどのような集合論になっているのでしょうか？

　実は，この集合論は直観主義のタイプの理論と同じものなのです。そして直観主義のタイプの理論は，直観主義のツェルメロの集合論にほとんど同じなのです。数学ではよくあることですが，全く別々に考えられた二つのものが同じになるということは興味深いことです。また以上の説明からグロタンディクのやったこととコーエンがやったこととがきわめて類似していることが分かると思います。実際に両者が同じことをやったというわけにはゆきませんが，両者の間には密接な関係があってその関係がシカジカカヨウなものであるといって数学的にハッキリとのべることもできます。

　コーエンの方法にしても，グロタンディクの理論にしても"集合概念"の形式的な拡張であって"集合とはなにか"というような集合の本質にせまるものではありません。しかしながら，両者とも20世紀後半の数学の輝かしき勝利であるといってよいと思います。今後も集合概念の変形が現代数学に大きな影響をあたえることは大いに考えられるところです。その意味でも，たとえば量子論理の上の集合論がどのようなものであるか？　などの問題提起は興味があるものといわねばなりません。

第5章
未来への招待──私の立場から

集合とはなにか

前にものべましたように，ＺＦ集合論は長所も短所も無思想性にあったといってよいと思います。一面では，余計なこと難しいことを考えないという態度がハッキリとした形式的体系をあたえ，それを基盤として第四章でのべた華麗なる展開があったわけです。しかし，別の面ではＺＦ集合論は"集合とはなにか"という問いには何も答えず，したがってカントールの集合論が提起した問題，たとえばカントールの集合論の矛盾には考えることを中断しただけでなんの解答もあたえてくれません。

ＺＦ集合論は単なる形式的体系なのでしょうか？ 数学者の多くはカントールの集合の直観的概念でＺＦ集合

第5章 未来への招待

論を使用しているようにみえます。それならば、カントールの集合論のどこが悪いのでしょうか？ カントールの集合論の矛盾に対して私達はなんと返事したらよいのでしょうか？

現在、集合論は深刻な行き詰まりに直面しているようにも思えます。これは最近発見された新しい方法、たとえばコーエンの方法などでできることをゆきつけるところまでいってしまった、しかしつぎの新しい方法が見つからないという技術的な面での行き詰まりでもあります。しかし他面、自信をもってやってきたけれども結局身近なことや連続体問題のことについてはあまり多くの情報をあたえてくれない。それに測度可能数の存在などを仮定して証明してももとの公理が本当に分かった気がしないので何かゲームをしているようで、やっていることに虚無的な感じがするという自信喪失による心理的な行き詰まりでもあります。

ここでは集合論の未来のことについてお話しようと思います。上にのべたような状況で未来について話そうと思うとどうしても"集合とはなにか"ということを議論しないわけにはゆかないと思います。しかも、このような難しい本質的なことを議論するには、一つの考えを定めてその考えに基づいて議論してゆく以外には私にはできそうもありません。したがって、以下では私の個人的な立場に立って議論を進めてゆくことにします。読者は賛成するにしても反対するにしても自分で考えられて自分の立場をもつことを望みます。

"集合とはなにか" といっても 一つの集合を問題にしているのではなくて集合全体を問題にしているのです。したがって，"集合論とはなにか" といったほうが適切かも知れません。

第一章と第二章でのべたように，私達は集合は空集合から始めてその集合その集合と順序数の構成にしたがって限りなくつづけてできるものとします。別の言葉でいえば順序数 α をつくるごとに $R(\alpha)$ をつくってゆくわけです。したがって，限りなく順序数をつくる操作が一番問題になるわけです。

私達は，この"限りなく"を単なる言葉のいいまわしではなく，文字通りの絶対的な意味にとります。したがって集合の生成は終わりのない過程でこれを終わったものとして"すべての集合の集合"を考えたり"順序数全体の集合"を考えたりすることは私達の立場では許されません。

こう考えることは，カントールの集合論の矛盾の解決には好都合です。しかし，逆に難問題をしょいこむことにもなります。それは "すべての集合 x について" という $\forall x$ や "ある集合 x が存在して" という $\exists x$ の意味が不明になるからです。$\forall x$ とか $\exists x$ とかを考えるときには実はいつでも x の表す範囲がキチンと決まって固定していることが仮定されています。いま，集合の範囲がいつでも生成の過程で動いてあるくものとしますと $\forall x$ とか $\exists x$ とか考えるのは意味のないことになります。もちろん例外もあります。

第5章　未来への招待

私達は空集合から始めて，その集合その集合と順序数の構成にしたがって，限りなく $R(\alpha)$ をつくってゆくことが一番問題になるわけです。

限りなく創りだす

$\forall x(x=x)$ というように x をつくる以前から明らかなようなものもあります.しかし,一般に $\forall x \varphi(x)$ で $\varphi(x)$ が成立するかどうかが簡単に分からないものには $\forall x \varphi(x)$ を x の範囲が変化してあるくときには意味が不明になってしまいます.同様にして,$\exists x \varphi(x)$ も $\exists x(0 \in x)$ のようにすでにどんな x をとればよいか分かっているような場合は構わないのですが,$\varphi(x)$ をみたす x を遙か彼方へ探してゆく場合には x の範囲が限りなくふえてゆくのではこれはキリのない探究であってその意味は不明というべきと思います.したがって,$\forall x$ と $\exists y$ と組み合わさったものには問題はもっと深刻になります.たとえば,$\forall x \exists y\, \varphi(x,y)$ はこの命題が正しいときは,どんな a をとっても $\exists y \varphi(a,y)$ となる y を探してゆけばいつかは見つかるということになって意味があるのですが,正しくないとき,または正しいかどうかわからないときはこの命題の意味は不明です.もちろん正しいときでも上の説明は $\varphi(a,b)$ が簡単な性質のことを仮定しての上のことであって,$\varphi(a,b)$ が複雑なたとえば $\forall$ が $\exists$ をたくさんもっている場合は困るわけです.

　$\exists x \forall y\, \varphi(x,y)$ の場合はもっと複雑で $\exists x \forall y\, \varphi(x,y)$ がたとえ正しいとしても $\forall y\, \varphi(a,y)$ をみたす a のつくり方が初めから分かっているのでなければ,この a を探してゆくときに,ある a が実際に $\forall y\, \varphi(a,y)$ をみたすことを調べるためにはすべての y についてチェックしなければならず,これは限りない生成についてチェックすることですから意味が不明といわざるを得ません.

第5章 未来への招待

このように $\forall x$ や $\exists x$ の意味がハッキリしないとすると $\forall$ や $\exists$ をフンダンに含んだＺＦ集合論の公理というものの意味はいかにもアイマイなものとなります。

しからば、ＺＦ集合論をどう考えたらよいでしょうか？　この問いに対する解答は二つあります。弱い解答と強い解答の二つです。まず弱い解答からのべることにします。

一般論としては確かに $\forall x$ や $\exists x$ の意味は不明である。しかし、ＺＦ集合論の公理を一つ一つ調べてみるとほとんどそういう問題のない場合であることが分かります。たいていの公理は今まであたえられた集合からつぎの集合をどうやってつくるかをのべているもので、それは私達の立場では明らかなものである。確かめてみると、a と b から、$\{a, b\}$ をつくるもの、これは私達の立場では明らかである。a, b がともにできている段階からつぎの段階へゆけば $\{a, b\}$ はできているのである。

a から $P(a)$ をつくるもの、これも上と同様に明らかである。

$a = \{a_\alpha \mid a_\alpha \in a\}$ から $\bigcup_{a_\alpha \in a} a_\alpha$ をつくるもの。これも明らかである。これは同じ段階(もっとハッキリいえば $a \in R(\alpha)$ であるような $R(\alpha)$)ですでにできている。

0 と ω の存在。これは明らか。

正則性の公理。これは明らか。

したがって、問題になるのは置換公理だけである。こ

れをもっと詳しく調べてみることにしよう。いま，一対一の対応Aと集合aとがあたえられたとする。このときaのすべての元xに対してAによってxに対応させられる集合yをみつけてゆきます。これはじゅうぶん先の段階までゆけば必ずできることです。いますべてのaの元xに対して，こうやってyをみつけてゆきます。xの範囲aは固定されています。

ところで私達の順序数の生成は限りなくつづけられるのですから，いつかはこうやってみつかったすべてのyが一つの$R(\alpha)$のなかに入っているαがみつかるにちがいありません。この$R(\alpha)$のなかでは置換公理はその部分を一つの集合として考える操作（それは私達の立場では認められている）を考えるだけですから，置換公理も結局は私達の立場で認められるようなある新しい集合のつくり方をのべているだけに過ぎない。

一応もっともに聞こえますが実はそうではありません。上の説明ではAという一対一の対応がすっかり分かり切ったものと仮定されています。しかし，実はＺＦ集合論の置換公理でのAはたくさんの$\forall$や$\exists$を用いて定義されているのが普通です。したがって，このAを考えるときすでにＺＦ集合論を考えるときの本質的な難点が入っているわけです。ここで弱い解答というのはもう少し調べてこの立場で許容されるようなAだけに限って置換公理を認めることにしよう。それで現代数学を構成するにはじゅうぶんであろうという解答です。

どんなクラスAが許容されるかについて一言のべます

第5章　未来への招待

しかし，順序数の生成は限りなく続けられるのですから，いつかはすべての y が一つの $R(\alpha)$ のなかに入っている α がみつかるにちがいありません。

新しい集合への手がかり

と，$x \in A$ か $x \notin A$ かが限りない過程ではなくて，その途中の段階で確定するようなAだけを用いることにしようというのです。

　この解答はよい解答です。しかしながら，この解答にしたがって考えてゆくとどうしても現在のＺＦ集合論よりは弱い集合論しかできないのです。その点多少の不満はありますがこのプログラムにしたがってこの立場で認められる集合論の体系を形式化し，そのなかで現代数学が本当にすべて公理化されるか？　今までＺＦ集合論でやってきた多くの結果（たとえばコーエンの方法）のどれだけがこの新しい集合論でできるか？　を考えることは大切なやりがいのある仕事と思います。

　さて，強い解答の方を考えることにします。強い解答の方は，弱い解答と同じ立場に立って弱い解答で考えたことはすべて利用することにします。その上で弱い解答では考えられなかった∀や∃がたくさんある式をどう解釈するかを考えます。いま∀や∃がイッパイ入っている式を考えます。これをφとしましょう。いま順序数αをとって$R(\alpha)$を考えると$R(\alpha)$は固定した集合の範囲を表しますから，φが$R(\alpha)$で正しいかどうかはたとえφの中に∀や∃があっても意味の確定した命題になっています。もちろんφが$R(\alpha)$で正しいかどうかはαによって変化します。たとえばφを，

　　　$\forall x \forall y$ （$\{x, y\}$ が存在する）

という式をとりますと，φは$R(5)$とか$R(\omega+1)$では

第5章 未来への招待

正しくない命題ですが、$R(\omega)$ とか $R(\omega+\omega)$ では正しい命題になっています。

いま、φ を固定したときに φ が $R(\alpha)$ では正しいような α を φ のスペクトルとよぶことにします。

いま、私達は"φ が正しい"ということを"φ のスペクトルが順序数全体のなかでギッシリ詰まっている"ということだと定義します。もちろん、このことを説明するためには"ギッシリ詰まっている"という感じを説明しなければなりません。この説明をすることにしましょう。

いま $\alpha+1$ の形でない順序数を極限数といいます。たとえば ω, $\omega+\omega$, ω^2, ω^ω などはすべて極限数です。これに反して $\omega+3$ や ω^2+5 などは極限数ではありません。私達は極限数だけのクラスをとってこれを仮に A と名付けますと、A は順序数全体のなかでギッシリ詰まっていると思います。この感じはつぎのようなものです。0, 1, 2, ……といって ω へゆきますと 0̇ 1̇ 2̇ …… ω̇ 自然数の列が ω に収束しているという感じがします。その感じを別に表しますと、ω の所にこの列の密度がだんだん高くなって近づいてゆくように思います。いってみれば ω がシンカフシになっているように思われます。いまこの列から ω をとり去りますと 0, 1, 2, ……はバラバラになってしまうと思われます。この感じが極限数の全体 A がギッシリ詰まっているということなのです。いま A だけをとりだしてみます。この A は順序数全体と同じ形をしています。この A の最初の数は 0, ω, $\omega+\omega$, ……で始まって、もと ω があったところに ω^2 がやってきま

す。いま順序数全体からAをつくった同じ操作を行ってAからBをつくったとします。Bは 0, ω^2, $\omega^2+\omega^2$, ……となっています。BはAのなかにギッシリ詰まっていてAは順序数全体のなかにギッシリ詰まっているのだからB自身が順序数全体のなかにギッシリ詰まっていると考えます。

　Bのなかのフシの方がAのなかのフシのフシになっているより肝心なフシであって，それを全部もっているからギッシリ詰まっているのだと考えるのです。

　今後，順序数のクラスが順序数全体のなかにギッシリ詰まっていることを肝心なフシブシをもっているという意味で"ノーダル (nodal)"とよぶことにします。

　いま，私達の立場で許容される順序数のクラスAがノーダルだということはAの順序数をつくってゆくときに傾向としてしか感じられないものですが，そういう概念自身はどうやってチェックするかということとは別に考えることができます。

　ノーダルというような難しい考えを出してＺＦ集合論のような簡単なものを理解しようというのはオカシイと考えられる人が多いかと思います。それはもっともです。

　しかし，私達はノーダルという考えをハッキリもち，集合論の正しい命題ということをキチンと考えることができます。ＺＦ集合論では何を考えているのかきめていないのです。私達がやっていることは一つの考え方をもとう，一つの集合像をもってそれですべてを理解しようということで，その集合像がトリビアルなものだといっ

第5章　未来への招待

極限数だけのクラスAは，自然数の列がωに収束している感じで，ωの所にこの列がだんだん密度が高くなって近づいてゆく感じです。ωを取り去ると0，1，2……はバラバラになってしまうように思えます。

0, 1, 2, 3, 4, 5, 6, 7, ……

1

2

極限数とω

ているのではないのです。ＺＦ集合論は簡単かも知れませんが，無思想で集合像に欠けているのです。

さて，上のφについてもう少し詳しくいいますとφのなかに特定の集合を表す記号たとえばωとか$P(\omega)$とかそのほか私達の言葉では表現できないある集合を表す記号Cが入っていても構いません。私達の集合像では集合は抽象的であっても実在ですからCがどれかの集合を表すものであればそれでよいのです。φがこのようなCを含むとすれば，集合の生成の課程が進むにしたがって可能なφもどんどん増えてゆきます。いま，ある段階までの間にでき上がったたくさんのφ_γの集まりを考えることにします。このとき，この集まりのすべてのφ_γが$R(\alpha)$で成立しているαのことをこのφ_γの集まりのスペクトルということにします。私達はφ_γがすべて正しいときにはこのφ_γの集まりのスペクトルがすでにノーダルであると考えます。

このように私達はノーダルという私達の直観的な概念に対する私達の直観の満足さの条件を公理としてのべることができます。これをのべることは本書の趣旨からはだいぶ無理なことなのでここではしませんが，ノーダルのアイデアを説明するためにもう一つだけノーダルの性質をのべることにします。

いまだんだんに大きくなる順序数を限りなくつくってゆく過程,

$$\alpha_0 < \alpha_1 < \alpha_2 < \cdots\cdots < \alpha_\beta < \cdots\cdots$$

第5章 未来への招待

があたえられたとします。

このとき $\forall \beta (\beta < \gamma \Rightarrow \alpha_\beta < \gamma)$ となる γ をこの過程のフシであるということにします。γ がフシであるかどうかは γ までをチェックすればよいのできちんと定義された概念です。このとき, 上のような過程があたえられたとき, その過程のフシのクラスはノーダルになっていると考えます。

これは順序数の構成が限りなくつづくことに対する私達の直観の一つの表現になっています。

さて, これらのノーダルの性質から置換公理の正当化をすることはできますが, かなり技術的な面が多く本書の水準では無理なので, ここでは置換公理の正当化は仮定して到達不能数の存在について考えてみます。

前にものべましたように, 置換公理はBG集合論ではただ一つの公理としてのべることができます。(一対一の対応 A というところを A をクラスを表す変数だと思って $\forall A$ (A が一対一の対応ならば……) とすればよいのです。クラスの変数 A が用いられるのですからなんでもありません) 置換公理以外のZF集合論の公理は有限個しかありません。置換公理のノーダルを用いての正当化はBG集合論の形の置換公理についてなされます。したがって, いま置換公理とあとの有限個の公理とを $\wedge$ でつなげてただ一つの公理にしたものを φ_0 としますと, φ_0 のノーダルを用いての正当化ができ, したがって, φ_0 のスペクトルはノーダルとなります。そのスペクトルから一つの順序数 α をとると $R(\alpha)$ で φ_0 は成立しています。

したがって到達不能数の定義によってαは到達不能数になっています。

さて，ノーダルを用いた集合論は現在のところかなり個人的な立場になるのでここでもう少し一般的なことについて話してみたいと思います。前にのべたように到達不能数の存在はＺＦ集合論の外にハミダシタ公理です。その点でＺＦ集合論は誰がみても現在不じゅうぶんと分かりきっている集合論です。人によっては自分は到達不能数の存在は認めないという人がいるかも知れません。そういう人でもＺＦ集合論を認めるならば当然ＺＦ集合論の無矛盾性は認めると思います。ところでゲーデルの不完全性定理によれば，ＺＦ集合論の無矛盾性という命題はＺＦ集合論の言葉で表現できてＺＦ集合論では証明できない命題です。

したがって，到達不能数存在の公理を認める認めないということは，ＺＦ集合論が当然これを付け加えればもっとよいことが分かっているものすら付け加えていないという点で不完全な集合論であるということには関係がありません。

さて，これに関してつぎの問題は重要な問題です。このように，到達不能数の存在の公理や，あるいは人によってはＺＦ集合論の無矛盾性の公理のように絶対付け加えたほうがよいという公理を全部付け加えた集合論はどんなものでしょうか？ この集合論には測度可能数の存在とか連続体仮説とかの疑わしいものは一切入れないことにしてどうしても正しいと思われるものだけを入れる

第5章　未来への招待

ＺＦ集合論の無矛盾性という命題は，ＺＦ集合論の言葉で表現できて，ＺＦ集合論では証明できない命題です。

ＺＦ集合論の無矛盾性

ことにします。このような集合論をまず建設してそれについての議論をすることが現在の段階でなすべき一番大切な問題の一つではないかと思います。

　もちろん，これは簡単な仕事ではありません。たとえば新しい正しい命題 φ を付け加えるといつでも（ＺＦ集合論＋φ）の無矛盾性を少なくとも付け加えなければならなくなってしまいます。そして，この新しい公理はゲーデルの不完全性定理によって（ＺＦ集合論＋φ）からは証明されないことが分かっています。しかし，このことはそういう体系をつくることが不可能なことを決して意味しません。なぜならばたとえば上の方法，すなわち無矛盾性を付け加えるという方法で得られる公理はすべて付け加えるという表現方法によって体系を定義することもできるからです。私の意見では測度可能数存在のような正しいかどうか誰も自信のないものに深入りするよりは，正しいことの分かっている強い集合論をつくり上げることの方が堅実なゆき方だと思います。

連続体について

　カントールのあとに連続体仮説について真剣にとり組んだ人のなかにボレル（E. Borel），ハウスドルフ（Hausdorff），ゲーデルがいます。不思議なことに，この三人の人はすべて連続体の問題からスケールの問題へと移行していったのです。ここでは少しばかりスケールについて説明しようと思います。

　自然数から自然数への関数全体の集合を N^N で表すこ

第5章　未来への招待

とにします。(あとで順序数の幅 ω^ω を用いますが,これは ω^n の極限という小さな順序数です。N^N はこれに比べて大きな集合になっています) いま N^N の二つの元を f, g とします。(N^N の元は関数なので f や g を用います) $f < g$ ということを,

　じゅうぶん大きな自然数 n をとると
　$m = n$, $n+1$, $n+2$, ……に対して
　$f(m) < g(m)$ が成立している。

によって定義します。同様にして, $f \leq g$ ということを,

　じゅうぶん大きな自然数 n をとると
　$m = n$, $n+1$, $n+2$, ……に対して
　$f(m) \leq g(m)$ が成立していること。

によって定義します。

　たとえば, $f(n) = 100n$ で $g(n) = 2^n$ としますと $f < g$ となっています。

　いま N^N の部分集合 M がスケールであるということをつぎの条件をみたしていることと定義します。

　"どんな N^N の元 f をとっても $f < g$ になっているような M の元 g が存在する" ここで $<$ を $\leq$ でいれかえても構いません。これより先に進む前になぜこういうスケールというものを考えるようになるかということの説明をしますとだいたいつぎのようになります。

　連続体仮説を真剣に考えてゆくと, 連続体仮説という

ものが一番もとの問題ではなくて、もっと基本的な概念やそれについてのいろいろな問題をまず考えなければならないことに気がつく。スケールというものはそのような基本的な概念の一つである。しかも、それについて考えてみると私達はそれについて今まで何も考えたことがなく、そういうことについて真剣に考えなければならないことに気がつく。

　たとえていえば、分子の化学的性質を調べてゆくと原子というもっと基本的なものがあってそれについて考えなければならないというようなものでしょうか？

　ここではあまり難しい議論はできないのでスケールについて一つだけ考えてみたいと思います。それはなるべくきれいな小さいスケールをつくりたいということです。

　いま、ω より大きな順序数のなかで ω より大きい濃度をもっている順序数のなかで最小のものを ω_1 とかくことにします。ω より大きな濃度をもった順序数の存在は"$P(\omega)$ の濃度が ω の濃度より大きなこと"と"整列可能定理"によって容易に分かりますから ω_1 は実際に存在します。まず M がきれいな小さなスケールという条件の一つをつぎのことと考えます。

　M の元は $\{g_0, g_1, \ldots\ldots, g_\alpha, \ldots\ldots\}_{\alpha<\omega_1}$

　とならべられている。ここに、

　$\alpha<\beta<\omega_1 \Rightarrow g_\alpha<g_\beta$

　が成立しているものとする。

　さて、このようなスケールは存在するでしょうか？

第5章 未来への招待

まず，常識にしたがってこのようなきれいな小さいスケールをつくろうと考えてみます。

まず，

$$g_0(n) = n$$
$$m < \omega \Rightarrow g_m(n) = n + m$$

と定義します。$g_0(n) = n$ はだんだん大きくなってゆく関数のなかで一番普通のものですし，+1 という操作は自然数について一番簡単な大きくなってゆく演算なので理由は当然と思います。つぎに，g_ω の定義はどうしたらよいでしょうか？ ここではつぎのようにします。

$$g_\omega(n) = g_n(n) = n + n = 2n$$

これはカントールの対角線論法です。このようにつづけて，

$$g_{\omega+m}(n) = g_\omega(n) + m = 2n + m$$
$$g_{\omega+\omega}(n) = g_{\omega+n}(n) = 2n + n = 3n$$
$$g_{\omega\cdot 2+m}(n) = g_{\omega\cdot 2}(n) + m = 3n + m$$

ここに $\omega \cdot 2 = \omega + \omega$ とします。さらにつづけて，

$$g_{\omega \cdot m}(n) = mn$$
$$g_{\omega^2}(n) = g_{\omega \cdot n}(n) = n^2$$
$$g_{\omega^m}(n) = n^m$$
$$g_{\omega^\omega}(n) = g_{\omega^n}(n) = n^n$$
$$\cdots\cdots$$

これをどんどんつづけて ω_1 回まですると果たして目的

のスケールが得られるでしょうか？　もう少しこれをどうやってつづけるか考えてみましょう。まず，本質的なつぎの段階 ω^{ω^ω} 番目を考えます。すると，

$$\omega^\omega, \ \omega^{\omega^2}, \ \omega^{\omega^3}, \ \cdots\cdots \longrightarrow \omega^{\omega^\omega}$$

となっています。ω^{ω^n} の意味を知らない人は空想で補って下さい。このとき，順序数での $\alpha_1, \ \alpha_2, \cdots\cdots \longrightarrow \alpha$ は $\alpha_1 < \alpha_2 < \cdots\cdots$ とどんどん大きくなっていって $\alpha_1, \ \alpha_2, \cdots\cdots$ より大きい順序数の最小が α であることと定義します。

$$g_{\omega^{\omega^\omega}}(n) = g_{\omega^{\omega^n}}(n)$$

とカントールの対角線論法で定義するのです。普通のように $\varepsilon = \omega^{\omega^{\omega^{\omega^{\cdots\cdots}}}}$ と定義するのですがもっと正確にいえば，

$$\omega_0 = \omega, \ \omega_{n+1} = \omega^{\omega_n} と定義して$$
$$\omega_0, \ \omega_1, \ \omega_2, \cdots\cdots \longrightarrow \varepsilon$$

と定義するのです。

このとき，やはり g_ε を

$$g_\varepsilon(n) = g_{\omega_n}(n)$$

と定義します。

さて，この定義をみていますと，任意の ω_1 より小さい極限数 α をとったときに，

第5章　未来への招待

少し頭を休めて，明日また……。

$$\alpha_0, \ \alpha_1, \ \alpha_2, \cdots\cdots \longrightarrow \alpha$$

となるような $\alpha_0, \ \alpha_1, \cdots\cdots$ のとり方を きめますと $\{g_0, g_1, \cdots\cdots, g_\alpha, \cdots\cdots\}_{\alpha<\omega}$ なる系列が一通りにきまります。

いま,$\alpha_0, \ \alpha_1, \cdots\cdots \longrightarrow \alpha$ なる $\{\alpha_0, \ \alpha_1, \cdots\cdots\}$ を極限数 α の基本列ということにします。

いま,上の例をみますと $\omega, \ \omega+\omega, \ \omega^2, \ \omega^\omega, \ \varepsilon$ などにはごく普通にその基本列のとり方がきまっているように思えます。いま,この α がつくられるときにすでにもって生まれたと思える基本列のことを"自然な基本列"とよぶことにします。そうするとスケールの問題はさらにつぎのような問題へと移行してゆきます。

1. 本当に自然な基本列という概念がありうるか? あるとしてきちんと定義できるか?

2. もしあるとして,定義ができる場合もできない場合でも,その自然な基本列についての直観的に正しいと思える公理を形式化することができるか?

3. 自然な基本列を用いて前のようにカントールの対角線論法で g_α をすべての $\alpha<\omega_1$ なる α に対してつくるとき,この $\{g_0, g_1, \cdots\cdots, g_\alpha, \cdots\cdots\}_{\alpha<\omega_1}$ は果たしてスケールになっているだろうか?

これらはいずれも難しい問題です。しかし,いつでも勝手に極限数 α をとりますと α についての私達の知識がじゅうぶんでないうちは別ですが α についてじゅうぶんに分かったと思えるときはいつでも,これが α への自然な基本列だと思えるものがあります。たとえば,上の ω^ω とか ε とか,そのほか私が知っている極限数をデタラメ

第5章 未来への招待

に取り出してみると例外がありません。この意味で"自然な基本列"という概念は存在するように思えます。

この私の直観での"自然な基本列"は著しい性質をもっています。その数学的な性質はかなり高級になりますが一口でいえば"ムダがなく整然としている"ということになります。

"自然な基本列"の公理というようなことは、今までほとんど誰も考えていないことです。このような新しい概念を考えると、集合論について説得力のある新しい公理が生まれるということはじゅうぶんに考えられます。

自然な基本列についての公理、その性質についての研究、それから上のような $\{g_\alpha\}_{\alpha<\omega_1}$ をつくってそれがスケールになっているかどうかを調べる。もし、これがスケールになっていれば連続体の研究に強力な具体的な足掛かりを提供することになります。

ボレル、ハウスドルフ、ゲーデルの研究がめざすものはこの方向であるように私には思えます。

(写真提供／日本評論社)

　20世紀の数学に本質的に一番大きな影響をあたえたのは，ゲオルグ・カントール（Georg Cantor）の集合論だと思います。

　いま位相空間の一般的な定義を考えると，集合Xが…なる構造をもつときに位相空間という，となります。ここで"…なる構造"というところも集合の言葉で書かれます。したがって一般の位相空間について議論することは集合概念なしではできません。

　20世紀で集合概念は数学における常用の基本概念になり，数学者は集合について直観をもち，数学における多くの構造を構成する常用手段となって，集合で作られた構造について実在感をもつようになりました。位相空間でも，群でも，ある性質をもつ位相空間や群の存在を証明したり，反例を求めたりするときには集合概念を用い

て構成するのがごく普通です。

この集合の常用が20世紀数学の，原理化，体系化，抽象化，公理化などにも大きな役割を果たしています。

ここではカントールの人間像とその数学とのかかわりについて書くことにします。

生いたち

カントールはその父 Georg Woldemar Cantor から強い影響を受け，特にその性格は父親の影響で形づくられたといわれています（二人とも Georg Cantor のため区別しにくいので，カントールと書いたときは息子，父親はゲオルグ・ボルデマーと書くことにします）。

ゲオルグ・ボルデマーはロシア，ペテルブルグ（St. Peterburg）のミッション・スクールで教育をうけた熱心なカソリック信者でした。カントールの母マリア（Maria Anna）はペテルブルグの出で，その義兄は宮廷の室内楽の団員，またマリアの甥は法学の教授でロシアの農奴解放の推進者であり，トルストイは一時彼の学生でした。マリアの一族は音楽家の家系で何人ものヴァイオリニストを輩出しています。その中でカントールの大伯父ベーム（Joseph Böhm）はウィーン音学院の院長でヴァイオリンの立派な学校を創立して多くの名ヴァイオリニストを輩出し，そのなかにはヨアヒム（Joseph Joachim）やヘルメスベルガー（Joseph Hellmesberger）がいます。カントールは生涯自分のなかに流れる音楽の血筋に誇りをもっていました。

カントールはゲオルグ・ボルデマーとマリアの長男として1845年に生まれました。
　ゲオルグ・ボルデマーは，人生には困難が多いが，神を信じ，どんな困難にも負けずにがんばり抜いて克服するという自分の信念をカントールにたたきこみました。彼はこれを守って優秀な成績で学業を続けていきました。カントール15歳の堅信礼のときに父が書いた手紙にもその信念がこまごまと書かれており，カントールはこれを生涯大切にしていました。
　この手紙の最後には次のように書かれています。

　　この手紙を次の言葉で閉じようと思う。
　　お前の父親は，というよりお前の両親それにドイツ，ロシア，デンマークにいる一族のすべてが，お前に注目している。科学の空に輝く星になることを期待している。

　実はゲオルグ・ボルデマーは，カントールが科学（特に数学）に進むことに必ずしも賛成ではありませんでした。この手紙は，科学へ進むことをはっきりと認め，それ以上に大きな期待を示したものでした。カントールは次の返事を書いています。

　　親愛なるパパ！
　　あなたの手紙がどんなに私を幸福にしたことでしょう。私の未来が決まりました。ここ何日か疑惑と不安

が続いていました。私の義務感と希望とが互いに格闘していました。

　もう私が自分の未来を望みどおりに決めても，あなたに心痛をあたえないことを知って幸福なのです。私の魂も身体も科学への呼び声のなかに生きています。

　お父さん，あなたが私を誇りに思う日がいつかきっと来るでしょう。そして，何か未知のものに臨むときに，神秘な声が私を呼んで成功へと導くでしょう。

　カントールは初めから数学に強くひかれていました。こうしてカントールが科学へ向かうことへの父の疑惑と失望感は脇におかれ，それ以後熱心にカントールの経歴を見守っていくことになりました。

　17歳のときにカントールは，科学へ進む資格試験に最高の成績で合格しました。カントールはその頃，自分の弦楽四重奏団を結成し，父親は大喜びでクリスマスの祭日にその頃住んでいたフランクフルトに呼んで演奏させたようです。

カントールの集合論

　1866年12月14日に21歳のカントールはベルリン大学を卒業，ベルリンで当時の最高の数学者クンマー (Kummer)，クロネッカー (Kronecker)，ワイエルシュトラス (Weierstrass) のもとで研究することになりました。22歳のとき整数論の論文で学位をとり，23歳のときやはり整数論の就職論文を書いて，ライプチヒに近いハ

レの大学で私講師として教えることになりました。ここでハイネ（Eduard Heine）の影響を受けて解析学，特に三角級数の研究を始めたのです。

1870年4月にカントールは，三角級数が実関数 $f(x)$ にすべての点で収束するならば，この意味で$f(x)$を表す三角級数はただ一通りに定まることを証明しました。

これを契機として，カントールは，この定理がいくつかのやや緩い条件のもとでどうなるかを研究し始め，実数空間上の導集合（derived set）や完全集合（perfect set）など実数空間のトポロジーの点集合的研究へと転じていきました。

実際に1872年にカントールは導集合を用いた三角級数の研究の論文を発表していますが，この概念の有効さは多くの人に注目され，たとえばミッタグ・レフラー（Gustav Mittag-Leffler）はこれを用いて立派な論文を発表しています。

この頃からカントールの集合論は着実に進歩していきます。1878年にはカントールは1対1の対応から濃度の概念を得て，まず有理数の全体および代数的な数の全体が自然数全体の濃度と同じであること，すなわち可付番であることを証明しています。さらにn次元ユークリッド空間と実数全体とが同じ濃度であることを証明しています。カントールは一時，次元というのは意味がないと思っていたことがあり，少し前から親しく文通をしているデデキント（Dedekind）に，直線と平面との1対1の対応は連続でないと指摘されています。デデキントは

カントールのよき師であり，相談相手であり，また親友でもありました。

1883年には無限集合である順序数の超限順序数を定義して，

$$0, 1, 2, \cdots, \omega, \omega+1, \cdots, \omega^\omega, \cdots$$

(ωは自然数全体の集合) などが定義され，自然数の拡張として，その和，積，ベキ乗などの順序数の算術が定義されています（初学者のために注意すれば，順序数のベキ乗α^βは濃度のベキ乗とはまったく異なる概念です。ω^ωは可付番順序数のなかでは，きわめて小さいものですが$\aleph_0^{\aleph_0}$は連続体〈実数全体〉の濃度です）。さらに実数の濃度が可付番より大きいことを証明しました。したがって代数的でない数が，代数的な数より圧倒的に多いことを証明しました。代数的でない数の存在がリウヴィル (Liouville) によって証明されて間もないときでしたので，これは当時のセンセーションでした。

カントールの集合論は革命的であったため，当時の多くの数学者から受け入れられず，疑問をもたれていました。特にクロネッカーは，最初はカントールの整数論の仕事を誉め，三角級数の研究の初めの頃までは彼の仕事を応援していました。しかし，クロネッカー自身は，数学全体を自然数の直観に基づいて厳密に構成すべきだという強い信念をもって主張していたので，その意味で厳密に定義のできない集合概念には反対で，カントールのことを'いかさま科学者'，'裏切り者'，'若者を堕落させる男'などと呼び，1879年にカントールが*Crelle Journal*

に提出した論文を，編集者が掲載を約束し，ワイエルシュトラスが賛成したにもかかわらず，掲載を止めようとして，遅らせました。カントールはこれに激しく傷つき，なんとかクロネッカーとの関係を修復しようとしましたが，うまく行きませんでした。

当時の集合論への反対に対して，カントールは次のように書いています。

> 数学はその発展のためには絶対的に自由であり，ただ1つの必要条件はその概念が内部矛盾を含まないということだけである。

こう述べてのちに有名になる"数学の本質はその自由性にある"が主張されています。

この段階でカントールの集合論には2つの大きな問題がありました。1つは，濃度，整列集合，超限順序数の関係，のちにツェルメロ（Zermelo）の選択公理によって，すべての集合は整列され超限順序数に対応し，したがって濃度は超限順序数のなかにくり入れられることが証明されましたが，この時代にはこれはまだ分からずカントールの理論にひそむ宿題になっていました。しかしカントール自身はこの問題についてのアイディアがあまり浮かばなかったようで，むしろ彼が熱中したのは連続体仮説（continuum hypothesis 以下ＣＨと書く）でした。我々が具体的に知っている，可付番につぐ無限濃度は連続体ですから，ＣＨは当然第一に登場する重大問題

です。カントールはこの問題に熱中しました。たとえば1884年8月26日（39歳時）にカントールはミッタグ・レフラーに"ＣＨの簡単な証明をみつけた"と書いています。しかし10月20日の長い手紙にその証明が間違っていたと書き，さらに11月14日に"ＣＨの否定を証明した"と書いていますが，それから24時間以内にそれも誤りだったことをみつけています。

この当時，カントールは，クロネッカーが彼の論文を *Crelle Journal* に出せなくするのではないかと心配していました。この不安とＣＨに対する格闘と落胆は堪え難いものでした。そうしてカントールの最初のbreak down[*]が1884年5月に起きたのです。

これはカントールのパリへの旅行のあとでした。パリではエルミート（Hermite），ピカール（Picard），アッペル（Appell）らと会い，ミッタグ・レフラーに手紙で，ポアンカレ（Poincaré）が大好きだとか，フランスの数学者たちは自分の集合論をよく理解して解析学の応用に用いていると書いています。8日間のパリ滞在を終えて，母のいるフランクフルトに寄りその直後にbreak downが起きました。

このbreak downは比較的短く1ヵ月くらいですみました。6月21日にミッタグ・レフラーに手紙を出し，"この頃は'fresh'な気分になれず研究に戻れるか自信がない"と書いています。このときカントールが入院し

---

[*] ここでbreak downは，「ストレスやショックなどで突然に起きる精神異常」の意味で用いています。

たという記録はありません。病気が比較的早く治まったにもかかわらず，家族のうけたショックは大変なものでした。当時9歳の長女エルゼは，父親の行動全体があまりに急速に変化するのですっかり困惑してしまいました。

幻滅

1885年の初めの頃，カントールはいくつかの新しい概念を含む2つの短い論文を書いて，*Acta Mathematica* に出そうと思いました。1885年2月21日に最初の論文 "Prinzipien einer Theorie Ordnungstypen" をタイプし，2月25日に短い4節を付け加えて投稿しました。驚いたことに3月9日にミッタグ・レフラーから，この論文を取り下げるようにとの提案の手紙がきました。

> 私は，あなたが新しい結果を説明できる前にこの仕事があなたの声価を著しく傷つけるものと思います。そんなことは，あなたにとってはどうでもよいということはよく分かっています。しかし，もしあなたの理論が一度信用に傷がつけば，数学界に再び信用を回復するのに長い時間がかかるものと思います。あなたが生きている間には正当に評価されないかも知れません。百年たって誰か他の人に再発見されてはじめて，あなたが正当に評価されるかも知れません。しかし今この仕事を発表しても，意味のある影響を数学界に与えることはできないでしょう。

ミッタグ・レフラーはカントールの仕事が革命的だと思っていました。しかしカントールの新しい術語の使い方やますます哲学的になっている表現がほとんどの数学者には理解されないと心配していました。しかしカントールは，*Acta Mathematica* の発行者のミッタグ・レフラーが自分の雑誌の評判だけを気にしているのだと思い，彼の最新の transfinite order type についての研究がミッタグ・レフラーに拒否されたことに深く傷つきました。クロネッカーとの論争より，最近の break down より，ＣＨについての悪戦苦闘より，ミッタグ・レフラーが *Acta Mathematica* から論文を取り下げるように言ったことの方がはるかに大きな衝撃でした。彼の超限順序数の確立のための努力にもっとも同情的な最後の数学者から見捨てられたと思い，それから二度と *Acta Mathematica* には論文を発表しませんでした。

　1885年の暮には，カントールはすべてに幻滅していました。自分の仕事についての批判を重大にとらえ，くよくよするのはカントールの不幸な性格でした。いつかはハレの大学教授からベルリンかゲッチンゲンの大学に移りたいと思っていた希望もむなしいものとなり，数学者としての将来になんの希望もないとすっかり落胆してしまいました。

　当時ローマ法王レオ13世は，カトリックが科学およびその哲学を取り入れることを奨励しました。その動きのなかでカントールの無限，超限順序数に関心をもつ人も

現れました。数学者仲間の支持を諦めたカントールが教会の神学者や哲学者のなかに慰めとインスピレーションを見出しました。宗教によって自分の研究の真理と意義についての自信と信念を回復したのです。

1885年から1891年の間，カントールは数学の研究はしていましたが，社会的活動としては数学から遠ざかり，講義は哲学を教え，論文も哲学の論文を書き，またエリザベス朝時代の歴史や文献を詳しく調べて，シェイクスピアの戯曲の本当の作者はフランシス・ベーコンであることを証明しようとしたりしていました。

カントールの哲学の講義の様子をコワレフスキー（Sophie Kowalevski）がミッタグ・レフラーへ宛てた手紙の中で次のように書いています。

> カントールは，前学期にライプニッツの哲学の講義を始めました。最初は25人の学生がいましたが，段々と減って，4人，3人，2人となり最後はたった1人になりました。カントールは平気で講義を続けました。しかし，悲しいかな，モヒカン族の最後の1人がやってきて，とまどいつつ，先生に感謝しながら説明しました。
> 「しなければならないことがたくさんあって，先生の講義について行くことができなくなりました」
> それからカントールは哲学の講義はもうしないとおごそかに誓い，カントール夫人は大喜びしました。

再び数学へ

1891年頃から,カントールはやはり自分の仕事をきちんとまとめて数学者に示すべきだと考えるようになりました。また時を同じくして,カントールの理論は次第に数学界に浸透し,理解されるようになっていきました。

1895年にカントールは"Beiträge zur Begründung der transfiniten Mengenlehre"のPart I を,続いて1897年にそのPart II を *Mathematische Annalen* に発表しました。これは彼の集合論の批判に対して,革新的なアイディアを厳密に数学的に提出したものです。

そこでは集合の定義から始まっています。集合は,1つ1つ個別に独立した対象(それはMの元と呼ばれる)を1つの全体とした集まりMのことです。

このような定義から始まり,Mの濃度$\overline{\overline{M}}$すなわち基数が定義され,a,bを基数とするとき,その積a・bおよびベキa^bが定義され$2^{\aleph_0}=\aleph_1$で連続体仮説を表しています。また,超限順序数は自然数の自然な拡張として定義され,その算術が計算されています。さらにここではカントールの対角線論法がはっきりと提出されてベキ集合の濃度が元の集合より大きいことが証明され,整列集合も取り上げられていて,全体としてみたときに現代の集合論に近い展開になっています。現代集合論と異なるのは,公理的集合論でない,選択公理が入っていない,置換公理が入っていない,それだけだといっても間違いではありません。

"Beiträge"が発表されると,その翻訳がただちに,イ

タリア語，フランス語でなされ，カントールの考えは世界中の数学者に広く伝わりました。クロネッカーやポアンカレなどの批判はまだ続いていましたが，熱烈な味方がどんどん増えて集合論を支持したのです。

しかしこの間，1895年にカントールは超限順序数について矛盾を見出してヒルベルト（Hilbert）に伝えています。これは後に「ブラリ・フォルティのパラドックス」といわれるものと本質的に同じものです。

さらにカントールは，1899年には集合論についての矛盾を見出しデデキントに伝えています。カントールの集合論についての矛盾に対する態度は，彼の集合論に対する信念と共存するもので，後で述べることにしましょう。

1897年のチューリッヒで行われた第1回の数学のコングレスでフルウィッツ（Hurwitz）は，解析学の最近の発展には，カントールの集合論が莫大な貢献を果たしたことを明らかに示しました。1900年のパリでの第2回のコングレスではヒルベルトがカントールの連続体仮説を20世紀の重要な未解決の問題の第一に位置づけました。集合論の本は到るところで出版され，またバニエ（Banie），ボレル（Borel），ハウスドルフ（Hausdorff），ブラリ・フォルティ（Burali-Forti），ペアノ（Peano），ラッセル（Russell）など多くの数学者がカントールの集合論を用いて業績を上げていきました。各国の数学会が彼を名誉会員にし，各国の大学が彼に名誉学位を与え，そして1904年にはロンドンのロイヤル・ソ

サイエティが彼に最高の栄誉 Sylvester Medal を与えました。

しかし,これらの名誉と同時にカントールの不幸が始まりました。1899年12月16日にカントールが「ベーコンとシェイクスピア」の特別講演をライプチヒで行った間に彼の末の息子ルドルフが突然亡くなったのです。ルドルフは愛らしく,多くの人に愛されていました。彼には音楽の才能があったので,カントールは家系に流れる音楽の才能を自分にかわって息子が発揮してくれることを望んでいました。この悲劇のあとでカントールは2度目の break down を起こして Halle Nervenklinik に入院,その後しばしば,入退院を繰返すようになりました。

1918年1月6日にカントールは亡くなりました。ランダウ(Edmund Landau)はカントールの訃報を聞くやただちにカントール夫人に手紙を書きました。

"カントールの名が表すものは決して死にません。人類はカントールが存在したことに感謝すべきです。彼の仕事から人類は多くを学ぶのです——彼以上にいつまでも生き続ける人はいないでしょう。"

集合論の矛盾について

連続体仮説についてあれほど悪戦苦闘したカントールが集合論の矛盾に対しては比較的平静でした。

カントールは,矛盾は彼の研究を進歩させるためのプ

ラスになる結果だと思っていました。彼は集合論が神から啓示を受けた絶対的に正しいものと信じていたからです。

　自分で矛盾を発見しているカントールが自分の集合論が絶対的に正しいと思っているのは不思議な気がします。しかし私は，カントールは正しかったのだと思います。その後の発展からとくに公理的集合論をみますと，カントールの集合論が正しいということと，集合論の矛盾とはまったく別のことのような気がします。集合論の矛盾がいっているのは，

　"集合全体を一つの集合と考えるのは，その集合に入らない集合が存在するので矛盾する。"

ということであり，私はこれは本当の矛盾ではないと思います。これは集合のuniverseがgrowing universeである，ということをいっているだけです。数学ではそれまで自然数の全体のようにはっきりと固定したuniverseだけを考えてきました。growing universeを考えるということは革命的なことで，すぐに認められることではないかも知れません。しかし集合論のその後の発展はgrowing universeの考え方の裏付けをしているように思います。公理的集合論の体系Tは，どんなに大きいgrowing universeの過程をとってもそれより大きいgrowing universeの部分でTを充たすものが存在すると主張しているものだと思います。また公理的集合論では新しい巨大基数公理を見出して，より強い集合論を作ることが中心的な問題です。新しい巨大基数公理はそれ

なしでは存在の言えない大きな集合の存在を主張するものです。これは growing universe の影そのものを見ているのです。

　やはり，カントールの信念は正しかった！　と私は思います。

　カントールについては，J.W.Dauben：*Georg Cantor,* Princeton Univ. Press が丹念に調べた良書です。
（本稿初出：日本評論社『数学セミナー』2001年4月号。）

あとがき

　最後にそれぞれの章について簡単なコメントをしておきたいと思います。

　★第一章で論理と集合との関係でだいぶ数式が出ることになりました。翻訳語としての集合という趣旨をハッキリさせるためには少しばかり実行してみなくてはと欲ばったのですが，数学的技術に慣れてない人には迷惑だったかも知れません。しかし，ここでのべたことはこのあとの章ではほとんど用いられてないので面倒ならば飛ばしてよんで暇にまかせてもどって眺めてもらってもよいと思います。しかし，少し落ち着いて眺めてみれば別に難しいことではないので，数学に慣れない人でもじゅうぶんに理解して興味をもつこともできると思います。

　★第二章で最初の旧約聖書からの引用はだいぶ驚かれた人がいるかも知れません。それからまた話が飛ぶのでなんのためかとまどうことと思います。しかし，カントールの集合論の創造的精神を伝えるのには絶好と思ってあえて最初に引用しました。旧約は日本聖書協会の文語訳をとりましたがよみづらい漢字のところを仮名に直した部分もあります。なお，カントールの集合論はしばしば"素朴集合論"とよばれています。

　最後に出てくる数学基礎論のヒルベルトの形式主義，ブラウワーの直観主義に興味をもたれる人は竹内，八杉共著『数学基礎論』（共立）と小著『数学基礎論の世界』

あとがき

(日本評論)の「有限の立場について」を参照されればよいと思います。

★第三章の公理的集合論の形式的体系についてはたとえば小著『現代集合論入門』(日本評論)を参照して下さい。だいたいにおいて，本書とこの小著とをあわせて読むのはよりよい理解を得るためのよい考えと思います。

整列集合についての説明を順序数を用いてし，順序数は生成する立場でのべましたが，整列集合を多少数学用語を知っている人のために定義しますと，'<'という線型順序があたえられていて，この<について無限下降列がない。すなわち，

$a_1 > a_2 > a_3 > \cdots\cdots$

となるような無限列 a_1, a_2, a_3, …… がないということです。

★第四章についてはもう一つマルチンの公理についてのべたかったのですが，どうしても技術的になり過ぎるため割愛したものです。マルチンの公理については前述の『現代集合論入門』を御覧下さい。この章はとくに現代集合論入門との関係が深いのでいろいろと両方を眺められると面白いことと思います。

この章では，ルベック測度可能とかベールの性質をもっているとか射影集合論といった数学の用語が出てきます。数学のことをあまり知らない人は気にしないでよみ飛ばしてほしいと思います。興味のある人は実関数論の本なり数学辞典なりを御覧下さい。

いろいろな考えがもつれあっている唐草模様という意味とバレエの基本型を頭においてアラベスクという名前をとりました。バレエの型とスッキリと美しい現代数学とに多少の暗示があって，両方にかけてアラベスクという名前をつけましたがたいして意味はありません。

　グロタンディクのトポについてあまり簡単な所だけを紹介したので，理解よりは誤解の種にならないかと心配です。しかし，このグロタンディクのトポと論理および集合論との関係，とくにコーエンの方法との関係は面白いことなので，せめて雰囲気だけでもと思って紹介しました。多少，位相の言葉になれている人のために一言しますと，YからXへの射影$p: Y \longrightarrow X$という状況を考えるとき，たとえXがハウスドルフの空間であったとしても，Yはハウスドルフの公理をみたさなくてもよい一般の位相空間であることが本質的です。これはトポのなかで積集合を考えるときに本質的な役割をします。

　★第五章はどうしても話が難しくなりそうなため，じゅうぶん議論ができず，舌たらずになって残念です。多少数学基礎論を知っている人のために一言しますと，ここで考えている順序数の許容できるクラスというのは，自然数の上の帰納的関数という考えにいろいろと類似点があることを指摘しておきます。

　ボレル，ハウスドルフ，ゲーデルの考えについてはボレルとハウスドルフは発表された論文が多すぎ，ゲーデルは何一つ発表していないので困ります。興味をもたれる人は前述の『数学基礎論の世界』の「うんと大きな自

あとがき

然数」,「ゲーデルの新しい公理について」, および付録を参照して下さい。

　第五章でのべたことは, 機会をみて本格的にのべたいものと思っています。

記　号　表

用　例	意　味	本文参照ページ
$A \wedge B$	A であってかつ B	16
$A \vee B$	A または B	19
$A \Rightarrow B$	A ならば B	19
$\not\supset A$	A でない	19
$P(a)$	a が性質 P をみたす	21
$\{x \mid P(x)\}$	性質 $P(x)$ をみたす x の集合	21
$A \Leftrightarrow B$	A と B とは同等である	22
集合の基本原則：$P(a) \Leftrightarrow a \in \{x \mid P(x)\}$		22
$a \in A$	a は集合 A の元である	22
	a は A に属する	
	a は A の要素である	
$a \notin A$	a は集合 A の元ではない	21~22
	a は A に属さない	
$A \cap B$	A と B との共通部分	26
$A \cup B$	A と B との和集合	27
$A - B$	A と B との差の集合	41
$\forall x P(x)$	すべての x について $P(x)$ が成立する	42
$\exists x P(x)$	$P(x)$ をみたすような x が存在する	44
$\bigcap_n A_n$	$A_0, A_1, A_2, \cdots\cdots$ の共通部分	48
$\bigcup_n A_n$	$A_0, A_1, A_2, \cdots\cdots$ の和集合	49
$A \subseteq B$	A は B の部分集合である	51
ϕ	空集合	52, 61
$\{a_1, \cdots, a_n\}$	$a_1, a_2, \cdots, a_n$ なる元からできている集合	58
A は可付番である	A と自然数全体の集合との間に 1 対 1 の対応がある	70
$P(A)$	A の積集合	71
	A の部分集合全体の集合	

── さくいん ──

<あ>
一般連続体仮説	137, 147
ヴェッテ(E. Wette)	172
エルデス(P. Erdös)	169
一対一の対応	69

<か>
開集合	183
可付番(可算)	70
カントール(G. Cantor)	71, 224
カントールの奇妙な議論	86
カントールの対角線論法	71
基礎の公理	121
極限数	209
空集合	52, 61
クラス	99
グロタンディク (A. Grothendiek)	193
形式主義	92
ゲーデル(K. Gödel)	216
ゲーデルの構成的集合	138, 142
決定の公理	172, 177
構成的集合	138
コーエン(Paul J. Cohen)	153

<さ>
ジェンセン(Jensen)	170
自然な基本列	222
集合の差	39
集合の集合	60
集合の濃度	67
順序数	79
順序対	106
スコット(D. Scott)	163
スコットの定理	170
スコーレム(Skolem)	105
正則性の公理	118, 128
整列可能定理	116
整列集合	84
整列定理の応用	117
積集合	70
ZF集合論	115, 147, 152, 205
選択公理	105, 109, 152
測度可能数	167
測度可能性	169
測度の完全加法性	168
ソロヴェイ(R. Solovay)	162
存在記号	44

<た>
対角線論法	71
置換公理	112, 115, 130
超数学	92
直観主義	92
ツェルメロ(E. Zermelo)	96
ツェルメロの集合論	94, 97
ツェルメロの分出公理	100
到達不能数	163, 166

<な>
濃度	67
ノーダル	210

<は>
排中律	92
ハウスドルフ(Hausdorff)	216
BG集合論	132, 135, 163
ヒルベルト(D. Hilbert)	86

ヒルベルトのプログラム	91
フォンノイマン (J.von Neumann)	118
部分集合	49
ブラウワー(Brouwer)	92
ブラリフォルティ (Burali-Forti)	86
フレンケル	112
ベルナイス(P.Bernays)	132
ベルナイスの集合論	135
補集合	37
ボレル(E.Borel)	216

<や>

弱い解答	205

<ら>

ラッセルの集合	96
ラッセルのパラドックス	88, 94, 97
ランク	102
連続体仮説	136, 160
論理主義	92

N.D.C.410.9　246p　18cm

ブルーバックス　B-1332

新装版 集合とはなにか
はじめて学ぶ人のために

2001年5月20日　第1刷発行
2024年5月10日　第18刷発行

著者	竹内外史	
発行者	森田浩章	
発行所	株式会社講談社	
	〒112-8001 東京都文京区音羽2-12-21	
電話	出版	03-5395-3524
	販売	03-5395-4415
	業務	03-5395-3615
印刷所	(本文表紙印刷) 株式会社KPSプロダクツ	
	(カバー印刷) 信毎書籍印刷株式会社	
製本所	株式会社KPSプロダクツ	

定価はカバーに表示してあります。
© 竹内外史　2001, Printed in Japan
落丁本・乱丁本は購入書店名を明記のうえ、小社業務宛にお送りください。
送料小社負担にてお取替えします。なお、この本についてのお問い合わせ
は、ブルーバックス宛にお願いいたします。
本書のコピー、スキャン、デジタル化等の無断複製は著作権法上での例外
を除き禁じられています。本書を代行業者等の第三者に依頼してスキャン
やデジタル化することはたとえ個人や家庭内の利用でも著作権法違反です。
®〈日本複製権センター委託出版物〉複写を希望される場合は、日本複製
権センター（電話03-6809-1281）にご連絡ください。

ISBN4-06-257332-6

発刊のことば

科学をあなたのポケットに

二十世紀最大の特色は、それが科学時代であるということです。科学は日に日に進歩を続け、止まるところを知りません。ひと昔前の夢物語もどんどん現実化しており、今やわれわれの生活のすべてが、科学によってゆり動かされているといっても過言ではないでしょう。

そのような背景を考えれば、学者や学生はもちろん、産業人も、セールスマンも、ジャーナリストも、家庭の主婦も、みんなが科学を知らなければ、時代の流れに逆らうことになるでしょう。

ブルーバックス発刊の意義と必然性はそこにあります。このシリーズは、読む人に科学的に物を考える習慣と、科学的に物を見る目を養っていただくことを最大の目標にしています。そのためには、単に原理や法則の解説に終始するのではなくて、政治や経済など、社会科学や人文科学にも関連させて、広い視野から問題を追究していきます。科学はむずかしいという先入観を改める表現と構成、それも類書にないブルーバックスの特色であると信じます。

一九六三年九月

野間省一

ブルーバックス　数学関係書(I)

- 116　推計学のすすめ　佐藤信
- 120　統計でウソをつく法　ダレル・ハフ／高木秀玄"訳
- 177　ゼロから無限へ　C・レイ"レイド／芹沢正三"訳
- 325　現代数学小事典　寺阪英孝"編
- 722　解ければ天才！算数100の難問・奇問　中村義作
- 833　虚数iの不思議　堀場芳数
- 862　対数eの不思議　堀場芳数
- 926　原因をさぐる統計学　豊田秀樹
- 1003　マンガ 微積分入門　岡部恒治/藤岡文世"絵
- 1013　違いを見ぬく統計学　豊田秀樹
- 1037　道具としての微分方程式　斎藤恭一／前田和彦"絵
- 1201　自然にひそむ数学　佐藤修一
- 1243　マンガ おはなし数学史　仲田紀夫/柳井ケン"漫画
- 1312　高校数学とっておき勉強法　新装版　鍵本聡
- 1332　集合とはなにか　竹内外史
- 1352　確率・統計であばくギャンブルのからくり　谷岡一郎
- 1353　算数パズル「出しっこ問題」傑作選　仲田紀夫
- 1366　数学版 これを英語で言えますか？　保江邦夫"監修　E・ネルソン"監修
- 1383　高校数学でわかるマクスウェル方程式　竹内淳
- 1386　素数入門　芹沢正三
- 1407　入試数学 伝説の良問100　安田亨

- 1419　パズルでひらめく 補助線の幾何学　中村義作
- 1429　数学21世紀の7大難問　中村亨
- 1433　大人のための算数練習帳　佐藤恒雄
- 1453　大人のための算数練習帳 図形問題編　佐藤恒雄
- 1479　なるほど高校数学 三角関数の物語　原岡喜重
- 1490　暗号の数理 改訂新版　一松信
- 1493　計算力を強くする　鍵本聡
- 1536　計算力を強くする part2　鍵本聡
- 1547　広中杯 ハイレベル 算数オリンピック委員会"監修　青木亮二"解説
- 1557　やさしい統計入門　柳井晴夫／C・R・ラオ／田栗正章／藤越康祝
- 1595　数論入門　芹沢正三
- 1598　なるほど高校数学 ベクトルの物語　原岡喜重
- 1606　関数とはなんだろう　山根英司
- 1619　計算力を強くする 完全ドリル　鍵本聡
- 1620　高校数学でわかるボルツマンの原理　竹内淳
- 1629　高校数学「数え上げ理論」　野崎昭弘
- 1657　高校数学でわかるフーリエ変換　竹内淳
- 1677　新体系 高校数学の教科書(上)　芳沢光雄
- 1678　新体系 高校数学の教科書(下)　芳沢光雄
- 1684　ガロアの群論　中村亨

ブルーバックス　数学関係書（II）

番号	タイトル	著者
1828	高校数学でわかる線形代数	竹内 淳
1823	ウソを見破る統計学	神永正博
1822	物理数学の直観的方法（普及版）	長沼伸一郎
1819	マンガで読む 計算力を強くする	がそんかんほ"マンガ"構成 銀杏社"マンガ"
1818	大学入試問題で語る数論の世界	清水健一
1810	高校数学でわかる統計学	竹内 淳
1808	新体系・中学数学の教科書 (上)	芳沢光雄
1795	新体系・中学数学の教科書 (下)	芳沢光雄
1788	連分数のふしぎ	木村俊一
1786	はじめてのゲーム理論	川越敏司
1784	確率・統計でわかる「金融リスク」のからくり	吉本佳生
1782	「超」入門 微分積分	神永正博
1770	複素数とはなにか	示野信一
1765	シャノンの情報理論入門	高岡詠子
1764	算数オリンピックに挑戦 '08～'12年度版	算数オリンピック委員会=編
1757	不完全性定理とはなにか	竹内 薫
1743	オイラーの公式がわかる	原岡喜重
1740	世界は２乗でできている	小島寛之
1738	マンガ　線形代数入門	鍵本 聡=原作 北垣絵美=漫画
1724	三角形の七不思議	細矢治夫
1704	リーマン予想とはなにか	中村 亨
1833	超絶難問論理パズル	小野田博一
1841	難関入試 算数速攻術	中川 塁
1851	チューリングの計算理論入門	高岡詠子
1880	非ユークリッド幾何の世界 新装版	寺阪英孝
1888	直感を裏切る数学	神永正博
1890	ようこそ「多変量解析」クラブへ	小野田博一
1893	逆問題の考え方	上村 豊
1897	算法勝負！「江戸の数学」に挑戦	山根誠司
1906	ロジックの世界	ダン・クライアン／シャロン・シュアティル／ビル・メイブリン=絵 松島りつこ=画 田中一之=訳
1907	素数が奏でる物語	西来路文朗／清水健一
1917	群論入門	芳沢光雄
1921	数学ロングトレイル「大学への数学」に挑戦	山下光雄
1927	確率を攻略する	小島寛之
1933	Ｐ≠ＮＰ問題	野崎昭弘
1941	数学ロングトレイル「大学への数学」に挑戦　ベクトル編	山下光雄
1942	数学ロングトレイル「大学への数学」に挑戦　関数編	山下光雄
1961	曲線の秘密	松下泰雄
1967	世の中の真実がわかる「確率」入門	小林道正

ブルーバックス　数学関係書(Ⅲ)

- 1968 脳・心・人工知能　甘利俊一
- 1969 四色問題　一松信
- 1984 経済数学の直観的方法　マクロ経済学編　長沼伸一郎
- 1985 経済数学の直観的方法　確率・統計編　長沼伸一郎
- 1998 結果から原因を推理する「超」入門ベイズ統計　石村貞夫
- 2001 人工知能はいかにして強くなるのか？　小野田博一
- 2003 素数はめぐる　西来路文朗/清水健一
- 2023 曲がった空間の幾何学　宮岡礼子
- 2033 ひらめきを生む「算数」思考術　安藤久雄
- 2035 現代暗号入門　神永正博
- 2036 美しすぎる「数」の世界　清水健一
- 2043 理系のための微分・積分復習帳　竹内淳
- 2046 方程式のガロア群　金重明
- 2059 離散数学「ものを分ける理論」　徳田雄洋
- 2065 学問の発見　広中平祐
- 2069 今日から使える微分方程式　普及版　飽本一裕
- 2079 はじめての解析学　原岡喜重
- 2081 今日から使える物理数学　普及版　岸野正剛
- 2085 今日から使える統計解析　普及版　大村平
- 2092 いやでも数学が面白くなる　志村史夫
- 2093 今日から使えるフーリエ変換　普及版　三谷政昭
- 2098 高校数学でわかる複素関数　竹内淳
- 2104 トポロジー入門　都築卓司
- 2107 数学にとって証明とはなにか　瀬山士郎
- 2110 高次元空間を見る方法　小笠英志
- 2114 数の概念　高木貞治
- 2118 道具としての微分方程式　偏微分編　斎藤恭一
- 2121 離散数学入門　芳沢光雄
- 2126 数の世界　松岡学
- 2137 有限の中の無限　西来路文朗/清水健一
- 2141 今日から使える微積分　普及版　大村平
- 2147 円周率πの世界　柳谷晃
- 2153 多角形と多面体　日比孝之
- 2160 多様体とは何か　小笠英志
- 2161 なっとくする数学記号　黒木哲徳
- 2167 三体問題　浅田秀樹
- 2168 大学入試数学　不朽の名問100　鈴木貫太郎
- 2171 四角形の七不思議　細矢治夫
- 2178 数式図鑑　横山明日希
- 2179 数学とはどんな学問か？　津田一郎
- 2182 マンガ　一晩でわかる中学数学　端野洋子
- 2188 世界は「e」でできている　金重明

ブルーバックス　数学関係書 (IV)

2195
統計学が見つけた野球の真理

鳥越規央

ブルーバックス　物理学関係書（I）

- 79 相対性理論の世界　J・A・コールマン／中村誠太郎 訳
- 563 電磁波とはなにか　後藤尚久
- 584 10歳からの相対性理論　都筑卓司
- 733 紙ヒコーキで知る飛行の原理　小林昭夫
- 911 電気とはなにか　室岡義広
- 1012 量子力学が語る世界像　和田純夫
- 1084 図解 わかる電子回路　見城尚志／高橋尚久
- 1128 原子爆弾　山田克哉
- 1150 音のなんでも小事典　日本音響学会 編
- 1174 消えた反物質　小林誠
- 1205 クォーク 第2版　南部陽一郎
- 1251 心は量子で語れるか　ロジャー・ペンローズ／中村和幸 訳
- 1259 光と電気のからくり　山田克哉
- 1310 「場」とはなんだろう　竹内薫
- 1380 四次元の世界〈新装版〉　都筑卓司
- 1383 高校数学でわかるマクスウェル方程式　竹内淳
- 1384 マクスウェルの悪魔〈新装版〉　都筑卓司
- 1385 不確定性原理〈新装版〉　都筑卓司
- 1390 熱とはなんだろう　竹内薫
- 1391 ミトコンドリア・ミステリー　林純一

- 1394 ニュートリノ天体物理学入門　小柴昌俊
- 1415 量子力学のからくり　山田克哉
- 1444 超ひも理論とはなにか　竹内薫
- 1452 流れのふしぎ　石綿良三／根本光正 著／日本機械学会 編
- 1469 量子コンピュータ　竹内繁樹
- 1470 高校数学でわかるシュレディンガー方程式　竹内淳
- 1483 新しい物性物理　伊達宗行
- 1487 ホーキング 虚時間の宇宙　竹内薫
- 1509 新しい高校物理の教科書　山本明利／左巻健男 編著
- 1569 電磁気学のABC〈新装版〉　福島肇
- 1583 熱力学で理解する化学反応のしくみ　平山令明
- 1591 発展コラム式 中学理科の教科書 第1分野（物理・化学）　滝川洋二 編
- 1605 マンガ 物理に強くなる　関口知彦 原作／鈴木みそ 漫画
- 1620 高校数学でわかるボルツマンの原理　竹内淳
- 1638 プリンキピアを読む　和田純夫
- 1642 新・物理学事典　大槻義彦／大場一郎 編
- 1648 量子テレポーテーション　古澤明
- 1657 高校数学でわかるフーリエ変換　竹内淳
- 1675 量子重力理論とはなにか　竹内薫
- 1697 インフレーション宇宙論　佐藤勝彦

ブルーバックス　物理学関係書 (II)

番号	タイトル	著者
1701	光と色彩の科学	齋藤勝裕
1705	量子もつれとは何か	古澤 明
1894	「余剰次元」と逆二乗則の破れ	村田次郎
1871	傑作！物理パズル50	ポール・G・ヒューイット／松森靖夫 編訳
1867	ゼロからわかるブラックホール	大須賀健
1860	宇宙は本当にひとつなのか	村山 斉
1836	物理数学の直観的方法（普及版）	長沼伸一郎
1827	現代素粒子物語 （高エネルギー加速器研究機構"KEK"協力）	中嶋 彰／KEK
1815	オリンピックに勝つ物理学	望月 修
1803	宇宙になぜ我々が存在するのか	村山 斉
1799	高校数学でわかる相対性理論	竹内 淳
1780	大人のための高校物理復習帳	桑子 研
1776	大栗先生の超弦理論入門	大栗博司
1738	真空のからくり	山田克哉
1731		
1728		
1720		
1716		
1715		
1912	マンガ おはなし物理学史	佐々木ケン 漫画／小山慶太 原作
1905	あっと驚く科学の数字 数から科学を読む研究会	
エントロピーをめぐる冒険	鈴木 炎
アンテナの仕組み	小暮裕江／小暮芳江
高校コラム式 中学理科の教科書 改訂版 物理・化学編	滝川洋二 編
発展コラム式 中学理科の教科書 改訂版 物理・化学編	竹内 淳

1924	謎解き・津波と波浪の物理	保坂直紀
1930	光と重力　ニュートンとアインシュタインが考えたこと	小山慶太
1932	天野先生の「青色LEDの世界」	天野 浩／福山大展
1937	輪廻する宇宙	横山順一
1940	すごいぞ！身のまわりの表面科学	日本表面科学会
1960	超対称性理論とは何か	小林富雄
1961	曲線の秘密	松下泰雄
1970	高校数学でわかる光とレンズ	竹内 淳
1981	宇宙は「もつれ」でできている	ルイーザ・ギルダー／山田克哉 監訳／窪田恭子 訳
1982	光と電磁気　ファラデーとマクスウェルが考えたこと	小山慶太
1983	重力波とはなにか	安東正樹
1986	ひとりで学べる電磁気学	中山正敏
2019	時空のからくり	山田克哉
2027	重力波で見える宇宙のはじまり	ピエール・ビネトリュイ／安東正樹 監訳／岡田好恵 訳
2031	時間とはなんだろう	松浦 壮
2032	佐藤文隆先生の量子論	佐藤文隆
2040	ペンローズのねじれた四次元 増補新版	竹内 薫
2048	$E=mc^2$ のからくり	山田克哉
2056	新しい1キログラムの測り方	臼田 孝

ブルーバックス　物理学関係書(III)

- 2061 科学者はなぜ神を信じるのか　三田一郎
- 2078 独楽の科学　山崎詩郎
- 2087 [超]入門　相対性理論　福江純
- 2090 はじめての量子化学　平山令明
- 2091 いやでも物理が面白くなる　新版　志村史夫
- 2096 2つの粒子で世界がわかる　森弘之
- 2100 プリンシピア 第Ⅰ編 物体の運動 自然哲学の数学的原理　アイザック・ニュートン／中野猿人=訳・注
- 2101 プリンシピア 第Ⅱ編 抵抗を及ぼす媒質内での物体の運動 自然哲学の数学的原理　アイザック・ニュートン／中野猿人=訳・注
- 2102 プリンシピア 第Ⅲ編 世界体系 自然哲学の数学的原理　アイザック・ニュートン／中野猿人=訳・注
- 2115 「ファインマン物理学」を読む　普及版 力学と熱力学を中心として　竹内薫
- 2124 時間はどこから来て、なぜ流れるのか?　吉田伸夫
- 2129 「ファインマン物理学」を読む　普及版 電磁気学を中心として　竹内薫
- 2130 「ファインマン物理学」を読む　普及版 量子力学と相対性理論を中心として　竹内薫
- 2139 量子とはなんだろう　松浦壮
- 2143 時間は逆戻りするのか　高水裕一

- 2162 トポロジカル物質とは何か　長谷川修司
- 2169 アインシュタイン方程式を読んだら「宇宙」が見えた　深川峻太郎
- 2183 早すぎた男　南部陽一郎物語　中嶋彰
- 2193 思考実験　科学が生まれるとき　榛葉豊
- 2194 宇宙を支配する「定数」　臼田孝
- 2196 ゼロから学ぶ量子力学　竹内薫

ブルーバックス　技術・工学関係書(I)

- 495 人間工学からの発想　小原二郎
- 911 電気とはなにか　室岡義広
- 1084 図解 わかる電子回路　高橋尚久
- 1128 原子爆弾　山田克哉
- 1236 図解 飛行機のメカニズム　柳生一
- 1346 図解 ヘリコプター　加藤寛／鈴木英夫
- 1396 制御工学の考え方　木村英紀
- 1452 流れのふしぎ　日本機械学会＝編
- 1469 量子コンピュータ　竹内繁樹
- 1483 新しい物性物理　石綿良三／根本光正＝著
- 1520 図解 鉄道の科学　伊達宗行
- 1545 図解 高校数学でわかる半導体の原理　宮本昌幸
- 1553 図解 つくる電子回路　竹内淳
- 1573 手作りラジオ工作入門　西田和明
- 1624 コンクリートなんでも小事典　加藤ただし
- 1660 図解 電車のメカニズム　土木学会関西支部＝編
- 1676 図解 橋の科学　宮本昌幸＝編著　井上晋=他
- 1696 図解 ジェット・エンジンの仕組み　土木学会関西支部＝編　田中輝彦／渡邊英一他
- 1717 図解 地下鉄の科学　吉中司
- 1797 古代日本の超技術 改訂新版　川辺謙一
- 1817 東京鉄道遺産　志村史夫
- 小野田滋

- 1845 古代世界の超技術　志村史夫
- 1866 暗号が通貨になる「ビットコイン」のからくり　吉本佳生／西田宗千佳
- 1871 アンテナの仕組み　小暮裕明／小暮芳江
- 1879 火薬のはなし　松永猛裕
- 1887 小惑星探査機「はやぶさ2」の大挑戦　山根一眞
- 1909 飛行機事故はなぜならないのか　青木謙知
- 1938 門田先生の3Dプリンタ入門　門田和雄
- 1940 すごいぞ！ 身のまわりの表面科学　日本表面科学会
- 1948 実例で学ぶRaspberry Pi電子工作　西田宗千佳
- 1950 図解 燃料電池自動車のメカニズム　金丸隆志
- 1959 交流のしくみ　川辺謙一
- 1963 脳・心・人工知能　甘利俊一
- 1968 高校数学でわかる光とレンズ　森本雅之
- 1970 人工知能はいかにして強くなるのか？　小野田博一
- 2001 人はどのように鉄を作ってきたか　永田和宏
- 2017 現代暗号入門　神永正博
- 2035 城の科学　萩原さちこ
- 2038 時計の科学　織田一朗
- 2041 カラー図解 はじめる機械学習　金丸隆志
- 2052 Raspberry Piで